명상하느라 먹은 생식 암을 비롯한 여러 가지 질병 다 치유

무극 생식 만들기

국립중앙도서관 출판시도서목록(CIP)

(내가 직접, 내 몸에 딱 맞는) 무극 생식 만들기 / 엮은이: 박옥희. -- 서울 : 북랜드, 2014
    p. 216 ; 182 × 257 cm

ISBN 978-89-7787-605-7 03500 : ₩25000

생식(식사)[生食]
식이 요법[食餌療法]

512.54-KDC5
615.854-DDC21   CIP2014014675

무극 생식 만들기
내가 직접, 내 몸에 딱 맞는

글 사진 · 박옥희

북랜드

생식은
가난한 사람도, 돈 많은 부자도,
나이 어린 사람도, 나이 든 사람도,
몸이 아픈 사람도,
건강하다고 생각하는 사람도,
권력을 가진 사람도,
그 어느 것도 소유하지 않았다고
생각하는 사람도,
차별하지도 않고 분별하지도 않는다.

 체질이 음인인 사람도, 양인인 사람도
이 모두를 다 포용하는 무극이기 때문이다.

내가 직접, 내 몸에 딱 맞는 무극 생식 만들기

아무리 머리가 우둔한 사람도
이 책 한 권을 읽으면서
딱 한 번만 따라하면
생식 만들기 전문가가 될 수 있다.

여기,
아주아주 쉬운 단어로
같은 문장을 60번 이상 반복해서 써 놓았다.

아무리,
솜씨가 없는 사람이라 해도
딱 한 번만 따라하면
세상에서 가장 지혜로운 음식을 만드는
비법을 익히게 될 것이다.

태초부터 인간은 육식 동물도 아니요, 잡식 동물도 아닌 초식 동물이었다.

초식동물은 육식을 하거나 잡식을 하면 여러 가지 질병을 일으킬 수밖에 없다.

마치 소, 말, 토끼, 코끼리, 기린, 양, 염소, 원숭이, 침팬지, 고릴라들이 초식 동물 임에도 불구하고, 인간이 그들에게 온갖 재료(육류＋생선＋식물)를 섞어 만든 사료를 지속적으로 먹인다면 그 누구도 상상하지 못할 온갖 질병들을 일으키는 경우와 같다.

그러나 육식을 하거나 잡식을 하던 동물(인간 포함)들이 다시 초식동물로 되돌아선다면 그 어떤 질병도 몰아낼 수 있는 강하고 튼튼한 면역력을 지닌 몸으로 되돌릴 수 있게 된다.

● 무극 은행

내 나이 34살 이던 어느 날,

나는 TV 속의 어떤 건강 프로그램에서

암에 대한 이야기가 진행되고 있는 것을 보았다.

한참을 보다보니, 아무래도 내 애기 같다는 생각이 들었다.

"에이… 설마, 내가… 그럴 리가 없어. 아닐꺼야."

나는 꿈같은 뒷골목 어느 누구의 이야기인 것처럼 생각했다.

그래서 그만 생각을 접었다.

몇 달 후, TV에서 또 한 번 암에 대한 이야기가 흘러나오고 있었고,

어느덧 나는 목을 있는대로 쭉 빼고 그 화면 앞에 쪼그리고 앉아 있었다.

다음날, 종합병원을 찾아가서 초음파 검사를 했다.

내 눈에도 2개의 동그란 덩어리가 보였다.

의사는 '그런 것 같다.'고 하면서 오후에

조직검사를 위한 상담시간을 정해 주었다.

곧, 점심시간이 다가와 1층에 잠시 내려와서 긴 의자에 앉아 있는데

내 마음이 왠지 황량한 사막 한 가운데에 혼자 서 있는 그런 느낌이다.

마침, 내 양쪽에 중년 아주머니 두 분이 와서 앉으신다.

두 사람이 모두 내게 말을 걸어 왔다.

"새댁은 어디가 아파서 왔어요?"

암 검사 하러 왔다고 했더니 금세 친근한 표정을 지으며 내게 답을 해준다.

"나도 암수술 했답니다. 방사선 치료도 받았어요."

양쪽에 앉은 두 아주머니가 모두 유방암 수술을 하셨던 것이다.

한 쪽 가슴이 없는 두 분은,

솜을 뭉쳐서 속옷에 넣어 티가 나지 않게 하여 다닌다고 했다.

가슴이 없는 한 쪽 어깨가 쑤욱 올라가 있고,

상체가 상하좌우로 비틀어져 있고, 걸음걸이도 이상하게 찌그러져 보였다.

그제야 내 눈앞이 하얗게 되었다. 이제 나는 모래사막이 아니라

천지가 하얗게 눈 덮인 북극 한가운데에 홀로 서 있는 것이었다.

온몸이 써늘하게 소름이 돋았다.

두 아주머니의 모습에서 곧 다가올 미래의 내 모습이 보였던 것이다.

그날, 나는 조직검사를 하지 않고 집으로 돌아오고 말았다.

내 단칸방으로 돌아온 나는 두 다리를 쭉 뻗고 퍼질고 앉아서 목놓아 한참을 울었다.

내 인생, 34살의 끝이 보이는 듯했다.

내게는 6살배기 어린 딸이 있었다. 그리고 돈이 없었다.

설령, 내게 돈이 생긴다 해도 나는 암수술을 받지 않을 것이다.

"그래, 살만큼 살다 가리라. 무엇을 그리 연연해 하는가.

나는 하늘에 너무 많은 것을 바라지도 않을 것이며, 원망도 하지 않을 것이다.

그저 나에게 주어진 시간 만큼 열심히 살다 갈 것이다."

나는 앞으로 내게 다가올 모든 고통의 시간들을 잊고 살기로 했다.

일 년 후, 내 몸이 많이 나빠져 있었다.

우연한 기회에 참선을 하는 사람들을 만나 그들에게서 많은 것을 배웠다.

덕분에 내 몸은 많이 호전되었고, 날아갈듯이 가벼워졌다.

그리고 또 우연히 모 건강식품 회사에서 6년 동안 일하게 되면서

유기농, 무공해 건강보조 식품과 영지를 자주 먹게 되었는데,

이것이 많은 도움이 되었는지 6년 후, 그 일을 그만두고 나서는 일이 터졌다.

내 몸의 암 성장 속도는 급속히 진전되어

그 크기가 다른 한쪽 가슴의 2배 가까이 커져갔다.

통증은 시시때때로 오고, 악성 빈혈과 함께 오장육부가 다 묵직하고 비틀리며

무너져 내리는 느낌이 그저 기분 나쁠 정도였다.

약국에 가서 진통제를 자주 사 먹게 되었다.

어느 날엔가 보니, 유두가 떨어지려고 체리 하나 달아 놓은 것 같은

형상을 하고 있었다. 그래도 내 마음은 그저 차분하고 한결 같았다.

그 동안 병원에는 한 번도 안 갔다. 몸이 아파서 돈벌이도 손을 놓았다.

생활은 최악으로 궁핍해져 갔다. 쌀독에 쌀이 떨어져 자주 바닥을 드러내곤 했다.

그러던 어느 날, 나는 아버지를 모시고 또 다른 참선하는 사람들을 만나게 되었다.

그들은 생식을 하고 있었다. 내게 먹어 보라고 권한다.

남들은 맛이 없어 먹기 힘들다고 하는 생식을 나는 아주 맛나게 먹어 치웠다.

돈이 없어 한 달은 얻어 먹었다.

두 달은 사먹고 참선도 했다. 매일매일 운동도 하게 되었다.

네 달째부터는 내게 맞는 생식을 내가 직접 만들어 먹기 시작했다.

참선을 하기 위해 생식을 먹기 시작한 지 일 년이 막 지났을 때였다.

참선을 하던 중에 나는 언뜻 이런 생각이 들었다.

"참, 내게 암이 있었는데 어떻게 됐지?"

그동안 나에게 다가오는 모든 고통을 즐길 줄 알았던 터라,

그게 낫는 과정이었다는 것을 몰랐다.

생식을 시작한지 일 년이 되어서 내 몸의 암은 어디론가 사라지고

컨디션은 최상이 되어 있었다.

계절이 바뀔 때면 당연한 듯이 찾아오던 감기, 기관지 천식, 비염도, 악성빈혈도,

3년 동안 나를 힘들게 했던 허리 디스크도 내게는 이제 없었다.

내 상태가 어느 정도인지 알려고 하지도 않았고, 나으려고 하지도 않았는데

어느 사이 나는 어둡고 긴 터널을 빠져나와 밝고 찬란한 태양을 맞이하고 있었던 것이다.

이제 20년이 지나 내 나이도 훌쩍 육십이 지나가 버렸습니다. 나는 그동안 아주 건강하게 잘 살았지요. 이제는 살아온 날보다 살 날이 적은 것 같아서 내가 지금까지 내 건강을 지키기 위해 했던 것 중 생식에 관한 이야기를 세상 사람들에게 널리 알리려고 합니다.

그리하여 다른 이들도 나처럼 건강을 잘 지켜나가며 고통보다 즐거운 마음으로, 욕심을 조금만 더 비우고 소박하고 검소하게 살 수만 있다면, 마음의 병이든 육신의 병이든 다 잘 이겨내고 하늘이 주신 수명을 다 하는 날까지 행복하게 잘 살 수 있으리라 생각합니다.

도서관에 가서 생식에 관한 서적을 많이 뒤져 보았습니다.

생식이 좋다는 말은 많이 써 놓았지만 그 좋은 생식을 만들어 먹는 방법을 쓴 책은 없었기에 이 책이 많은 이들에게 꼭 필요할 것 같다는 생각을 새삼하게 되었습니다.

박 옥 희

차례

1

막강한 면역력을 가진 우리들의 군대

　사람의 몸에는 「면역력」이란 막강한 힘을 가진 튼튼하고 건강한 군대가 있다.

　이 군대는, 그들의 왕이 맑고 밝고 바른 마음가짐으로, 올바른 규칙적인 생활과 약간의 운동과 오염되지 않은 건강한 음식을 먹고, 그가 좋아하는 적당한 일을 하면서 삿된 욕심을 부리지 않을 때 가장 강한 힘을 가지는 법이며, 어쩌다가 질병이란 침략군이 쳐 들어와도 거뜬히 막아내고 쳐부술 수 있게 된다.

　왕은, 막강한 면역력을 가진 그의 군대를 향해 항상 칭찬을 아끼지 않는다.

　"잘해. 아주 잘해. 그래. 할 수 있어.

　너희들은 그 어떤 침략군도 침범 할 수 없을 만큼 큰 힘이 있어.

　나는 너희들을 믿어!" 하고 대단한 신뢰감을 주곤 한다.

　그러면 그의 왕과 왕국은 언제나 건강하고 활기에 차 있을 것이다.

　그런데 믿음이 부족한 어떤 왕은,

　그의 백성과 군대에게 술, 담배를 주는 등, 그의 왕국에 해가 되고 그의 군대가 망가지는 그런 바르지 못한 생활습관과, 게을러서 운동도 안하고 맑고 깨끗한 산소도 안주고, 고기나 많이 먹고, 건강하지 못한 음식을 자주 폭식하거나 또는 굶거나 하며, 너무 무리하게 노동을 하여 그의 왕국이 망가지도록 힘들게 해놓고, 외부로부터 질병이란 침략군이 침범할 때는 한 번 싸워보지도 않고 자신의 왕국의 군대를 믿지 못하여 바깥에서 지원군을 들여와 그의 군대가 할 일을 대신하여 침략군을 물리치기를 자주 한다면, 어느 때 부터인지 그의 군대는 할 일이 없어지게 된다.

그 왕은, 그의 왕국이 아플 때마다, 건강에 문제가 생길 때마다, 바깥에서 먹는 약, 주사약, 다른 치료법, 또는 수술 등으로 좋은 면역력을 지닌 그의 군대를 대신하는 그 어떤 물질과 방법을 들여와서 그의 군대가 할 일을 모두 빼앗아 버린다면, 언제부터인지 차츰 그의 군대는 자신의 할 일을 망각하게 된다.

심지어 그의 군대는 이렇게 기억하게 될 것이다.

"우리가 일을 안 해도 대신해 주는 이가 있으니 우린 그냥 있자.

그냥 놀자.

일 안해도 돼.

안 싸워도 돼.

또 아프면 어디서 그 무엇이 들어와서 우리가 할 일을 대신 하겠지."

그리고는 건강한 먹을 것도 제대로 안 챙겨주고 믿음도 주지 않는 왕을 위해 최선을 다하지 않게 될 것이다.

면역력이란 군사력을 지닌 그의 군대는 평소에 훈련도 안 해서 자꾸만자꾸만 나태해지고 허약해 질 것이다.

나중에는 큰 병이 몸에 침범해 들어와도 그의 군대는 움직이지 아니할 것이다.

'또 누가 와서 구해주겠거니……' 하고 말이다.

그렇게 해서 그의 왕국은 세상에서 가장 강한 군대를 잃게 된다.

드디어, 약도 주사약도 수술도 소용없게 될 날이 오고야 말리니, 결국 그의 몸은 외부의 침략자나, 더러는 내부의 반란군에 의해 망가지고 부서지고 다 잡아 먹히게 되는 것이다.

나라면 그렇게 하지 않을 것이다.

아마 이렇게 할 것이다.

첫째 – 내 군사들에게 건강하고 오염되지 않은 바른 먹거리로 적당히, 탈이 나지 않도록 조절하고 잘 먹여서 균형이 흐트러지지 않게 잘 잡아준다.

둘째 – 평소에 훈련(적당한 운동, 산소공급, 가벼운 체조, 즐거운 일)을 잘 시켜 놓는다.

셋째 – 칭찬과 격려를 많이 해 주고 믿음과 신뢰로 편안한 마음을 갖게 해 준다.

반드시 "그래 잘해, 아주 잘해, 난 너를 믿어."

하며 격려하고 모든 것을 믿고 놓고 맡기며 시간을 넉넉히 준다. (기다려준다.)

그러면 내 군대의 면역력은 아주 강한 힘을 가지게 된다.

반드시 믿음과 신뢰가 있다면, 아군인 내 몸을 공격하는 반란군도 일어나지 않을 것이며, 외부에서 아주 강한 질병이 침투하여도 그 질병을 물리치고 건강을 지켜주게 된다.

마치 "이 땅은 절대 안돼. 침투 못해!" 하듯이 침입자를 전멸시켜 줄 것이다.

설사, 아주 큰 수술을 하게 될 경우가 오더라도, 내 몸의 면역력이 강한 군대라면 얼마든지 이겨 낼 것이다.

그리고 반드시 승리할 것이다.

◉ 무극 고구마 줄기, 잎

2

생식이 사람 몸에 좋은 이유와 효능

우리의 건강을 지켜줄 모든 열쇠는 바로 자연에 있었다.
그중에서도 식물에 관한 이야기를 하려고 한다.

사람들은 나를 보고 '고기를 안 먹고 어떻게 사느냐, 그럼 생선은 먹느냐'고 물어 온다.
생선은 물고기가 아닌가? 생선도 움직이는 생명이니 동물이다. 물에서 사는 동물 말이다.
육류, 어류(생선)에는 단백질, 지방, 탄수화물, 무기질(미네랄), 비타민, 섬유질이 골고루
다 들어 있지 않다. 그러나 식물은 다르다.

곡식의 예를 들어보자.
한 포기의 벼를 싹 틔워서 자라게 하고 또 열매가 주렁주렁 열리게 하는 모든 영양물질이
볍씨 한 톨에 다 들어있다.

탄수화물, 단백질, 지방, 무기질, 비타민, 섬유질, 효소 그 어느 것 한 부분도 빠지지 않는다. 이것이 바로 완전식품이다.

이렇게 완벽하게 다 갖춘 고기는 그 어디에도 없다.

오로지 곡식의 씨앗에만 존재하는 것이다.

나는 내 생식을 만드는데 이러한 곡식을 20여 가지나 썼다.

그리고 견과류도 완전식품이라고 할 수 있다.

견과류에 들어 있는 식물성 지방이 동물성 지방보다 훨씬 낫다는 것은 모두가 다 아는 사실이다.

동물성 지방은 혈관 내벽에 들러붙고 쌓여서 혈관관계의 갖가지 질환을 일으키나, 대부분의 식물성 지방은 혈관 속에 들러붙어 있는 찌꺼기들마저 깨끗이 청소를 한다.

그리고 두뇌가 좋아지는 원동력의 한 영양물질이 되기도 한다.

이러한 견과류를 5가지 이상 7가지나 썼다.

- 해조류(미역, 다시마) + 버섯류(표고버섯, 새송이버섯)는 곡식처럼 무기질(미네랄)의 보고라고 할 수 있을 만큼 각종 무기질을 무진장 함유하고 있다.

그리고 과일류(밤, 대추) + 채소류(열매채소 + 잎채소 + 줄기채소 + 뿌리채소 + 통째 먹는 채소)를 30가지 이상, 넣어서 모두 합하니 이것에는 단백질, 지방, 각종 무기질, 각종 비타민, 섬유질, 각종 효소들, 없는 것이 없이 우리 몸에 필요한 영양소는 몽땅 다 들어 있는 것이다.

또한 곡류 + 견과류 + 해조류 + 버섯류 + 과일류 + 채소류(열매채소 + 잎채소 + 줄기채소 + 뿌리채소 + 통째 먹는 채소) = 60여 가지 식물들 - 이것에는 단맛, 짠맛, 쓴맛, 신맛, 떫은맛, 매운맛이 모두 다 적절하게 들어 있다.

이 맛들은 우리 몸 속에서 오장육부를 다스리기에 단 한 가지도 빠져서는 안 될 꼭 필요한 맛들이다. 이 맛들은 모자라지도 넘치지도 않아야 한다.

만약 모자라거나 넘치면 우리의 오장육부에 질병이 찾아오기 때문이다.

이 생식에는 우리 몸에 필요한 영양성분이 모두 다 들어 있으며 부족함이 전혀 없다. 그래서 60여 가지 생식 재료 속의 영양성분은 따로 쓰지 않기로 한다.

대신, 이 책에서는 그 성질이 +극 이냐 –극 이냐 무극이냐가 더 중요하니 그것을 중점적으로 다루려고 한다.

생식이 사람의 몸에 좋은 이유의 또 한 가지는 바로 무극이기 때문이다.

60여 가지 재료를 모두 섞고 보니 무극이 되었다.

이 무극의 생식은, 사람의 체질이 양인(양극), 음인(음극)인 사람들에게도 모두 다 잘 맞는 완전식품이라고 할 수 있다.

몸이 찬 사람도 뜨거운 사람도, 혈압이 높거나 낮은 사람도,

당뇨 수치가 높거나 낮거나, 콜레스테롤 수치가 높거나 낮거나,

이런 내 몸의 건강이 정상을 벗어나 엉뚱한 곳으로 향해가고 있을 때 – 생식은 그 건강을 정상으로 되돌아가게 하여 준다.

건강에 문제가 있는 사람이 먹으면 처음에는 명현 반응이 반드시 일어나게 되어 있다.

그러나 이러한 반응은 내 몸의 나쁜 성분이 쌓여 있어 질병을 만들어 가고 있는 사람에게만 일어나니, 먹는 양을 적게 시작하여 차츰차츰 늘려 간다면, 반드시 내 몸의 악한 성분들을 모두 내쫓고 정상으로 되돌아가 아주아주 건강해질 것이다.

●무극 진달래

●무극 개나리

●무극 목련

3

생식을 말리는 온열 건조대

(1) 「생식 말리기」는 반드시 「온열건조법」을 사용한다.

「순간 냉동건조법」은 좋은 방법이 아니기 때문이다.

① 생식을 「온열건조법」으로 제대로 말리려면 「온열건조대」가 필요하다.

온열건조대를 사려면 돈이 많이 드므로,

② 집에서 재료를 구입해 간단하게 만들어 쓸 수 있다.

(2) 온열 건조대 설치하기

① 전기온돌 판넬 2장 ~ 3장 정도가 필요하다.

한 장의 크기 :

가로 125cm,

세로 40cm

3장 가격 : 약 10만 원 정도

※ 전기 온돌판넬 구입 방법

대리점, 인터넷을 통해서

② 온열 건조대를 설치할

선반 2~3 칸 정도가 필요함.

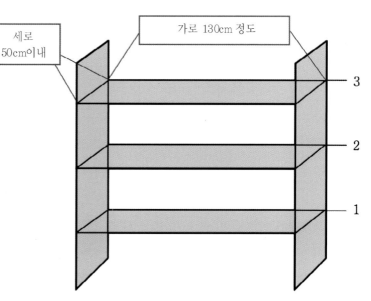

세로 50cm이내

가로 130cm 정도

3

2

1

❖ 나는 작은 방 한켠에 온열 건조대를 설치했다.

❖ 보통은 3칸 정도가 적당하나 온열 건조대에서 생식을 건조시키는 면을 보여주기 위해 2칸으로 설치했다.

❖ 3칸 정도 설치하면 1인 1년 먹을 생식을 말리는데 15~20일 이면 충분하다.

사진 1 ▶

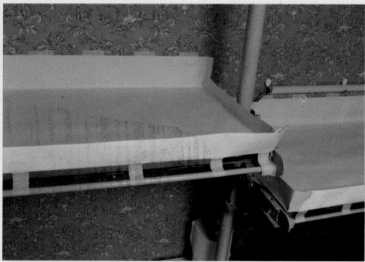

❖ 온열 건조대 위에 모조지를 반듯하게 입체가 되도록 잘 접어서 올려 놓는다.

사진 2 ▶

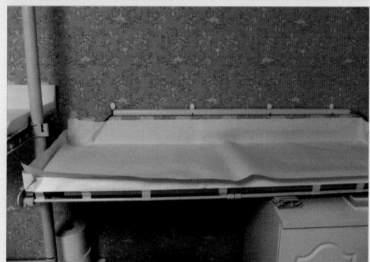

❖ 온열 건조대 위에 통풍과 보온이 잘 되고 먼지도 앉지 않게 사진 2. 3 과 같이 모조지 덮개를 덮는다.

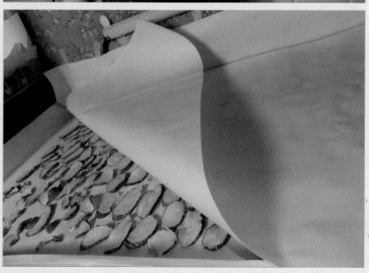

사진 3 ▶

●무극 박

4

생식 만들기

1. 생식 말리기

[1] 생식의 분류

① 곡류 + ② 견과류 + ③ 해조류 + ④ 버섯류 + ⑤ 과일류 + ⑥ 채소류

(1) 생식의 재료명

① 적당량 ② 성질
③ 좋은 재료 구하기, 고르기 ④ 다듬기와 씻기
⑤ 재료 말리기 ⑥ 다 말린 생식 거두기
⑦ 다 말린 생식

2. 다 말린 생식 모으기

3. 생식 완제품 만들기

1. 생식 말리기

[1] 생식의 분류-재료명

- 생식의 재료는 되도록 우리 생활의 주위에서 쉽게 구할 수 있는 재료들을 사용한다.

(1) 곡류(22가지)

1. 현미	12. 청차조
2. 찰현미	13. 찰수수
3. 흑미(흑진주)	14. 알록달록 콩 (양대)
4. 찰흑미	15. 적두
5. 햇보리	16. 완두콩
6. 찰보리	17. 녹두
7. 콩(백태)	18. 지정
8. 속청	19. 팥
9. 약콩	20. 통밀
10. 율무	21. 햇옥수수(찰 옥수수)
11. 노랑 차조	22. 혼합곡

(2) 견과류(8가지)

23. 참깨	27. 해바라기씨
24. 흑깨	28. 호박씨
25. 들깨	29. 미강
26. 땅콩	30. 호두

(3) 해조류(2가지)

31. 미역	32. 다시마

(4) 버섯류(2가지)

33. 표고버섯	34. 새송이버섯

(5) 과일류(2가지)

35. 밤	36. 대추

(6) 채소류(28가지)

• 열매 채소	• 잎 · 줄기 채소	• 뿌리 채소
37. 누런 호박	43. 고추잎	55. 당근
38. 애호박	44. 냉이(잎,뿌리를 통째로 먹는 채소)	56. 연근
39. 풋고추	45. 녹차잎	57. 우엉
40. 피망	46. 청경채	58. 칡뿌리
41. 파프리카	47. 브로콜리(화채류)	59. 생강
42. 가지	48. 적채	60. 콜라비
	49. 양배추	61. 도라지
	50. 돈나물 (돌나물)	62. 더덕
	51. 쑥	63. 무
	52. 연잎	64. 고구마
	53. 솔잎	
	54. 들깨잎	

※ 제철이 아니면 구할 수 없는 생식 재료는

- 구하기 쉬운 계절에 넉넉하게 구입해서 온열 건조법으로 건조 시킨 후 냉동 보관 하였다가 필요한 때에 적당량을 꺼내어 다시 한 번 살짝 말린 후 사용한다.

〈 온열 건조대에서 생식 말리기와 거두기〉

(예) 현미 편

❖ 온열 건조대의 온도 맞추기 – 생식을 만드는 기간 동안은 항상(30℃ ~ 35℃) 정도에 맞추어 놓는다.

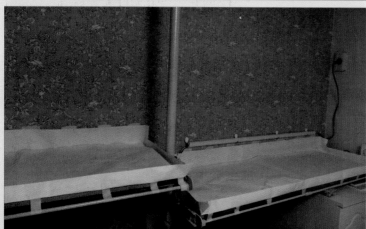

❖ 건조대에 깨끗이 잘 펴서 널고 종이 덮개 (흰 모조지)를 덮는다.

❖ 하루쯤 말린다

❖ 바싹바싹 할 정도로 다 마르면 반투명한 비닐봉지(2겹을 겹쳐서 사용함)에 담고 봉한다.

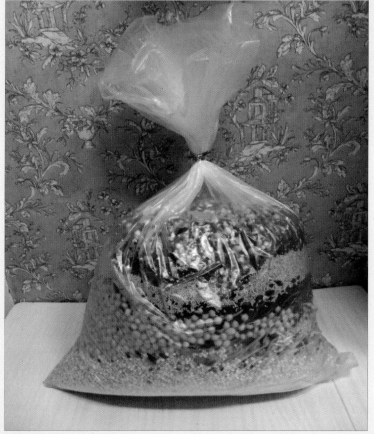

❖ 큰 비닐봉지(2겹 겹친 것)에 현미, 찰현미, 백태, 속청 등 곡류들만 모아서 담아 보관하면 번거롭지 않고 좋다.
– 견과류, 채소류들도 마찬가지로 같은 종류들끼리 모아 놓으면 된다.

이와 같은 방법으로 64가지 생식을 모두 말리게 될 것이다.

❖ 친환경 농산물 품질표시

곡류는 친환경 농산물 코너에 가서 친환경 농산물 품질표시 (유기농산물, 전환기 유기농산물, 무농약 농산물, 저농약 농산물)가 붙어 있는 믿을 수 있는 곡식을 구입하는 것이 가장 좋다. (인터넷에서도 구입 가능함)

유기농산물

농산물 : 유기합성농약과 화학비료를 사용하지 않고 재배

무농약 농산물

유기합성농약은 사용하지 않고 화학 비료는 권장시비량의 1/3 이하를 사용하여 재배

요즈음은 친환경 농산물 품질 표시가 붙어 있는 모든 곡류들은 돌이나, 흙, 모래, 이물질들을 골라내고 깨끗하게 손을 본 후 포장하여 판매하기 때문에 믿을 수 있어서 이것들을 따로 골라내는 번거로운 수고를 하지 않아도 된다.

나는 몇 년 전 돈을 좀 아껴 보려는 생각으로 일반 곡류들을 파는 가게에서 곡류 (농약을 친 일반 곡류와 수입산 곡류)를 사서 생식을 만들었는데 정작 먹어보니, 뱃속에서 농약 냄새가 역류해 올라오는 현상이 일어났다. 결국 다 버리고 다시 친환경 농산물을 사서 새로 만들었던 경험이 있었다.
그 후로는 다시는 돈을 아끼려는 얄팍한 생각을 안 하게 되었다.

(1) 곡류(22가지)

1. 현미	12. 청차조
2. 찰현미	13. 찰수수
3. 흑미(흑진주)	14. 알록달록 콩 (양대)
4. 찰흑미	15. 적두
5. 햇보리	16. 완두콩
6. 찰보리	17. 녹두
7. 콩(백태)	18. 지정
8. 속청	19. 팥
9. 약콩	20. 통밀
10. 율무	21. 햇옥수수(찰 옥수수)
11. 노랑 차조	22. 혼합곡

참고

- 완두콩은 제철에 나오는 생콩 이므로 구할 수 없는 계절에는 넣지 않아도 된다.
- 구하기 힘든 것은 몇 가지 빼도 괜찮다.
  단, 현미, 찰현미, 보리, 백태, 율무, 속청(또는 약콩), 팥, 차조, 찰수수, 통밀,
  옥수수는 꼭 필요하다.

◉ 무극 감나무

현미

1_ 적당량 - 약 4~5kg

2_ 성질 - (-) 음극 (찬 성질)

3_ 구하기 - 현미눈과 껍질에 모든 영양의 90%가 들어 있으므로 백미를 사용하지 않고 현미만을 사용한다.

4_ 씻기 - ① 현미는 껍질이 단단하므로 씻을 때 영양 손실이 적다.

② 물에 오래 담그지 말고 적당히 씻고 건져내어 물기를 뺀다.

※ 돌을 고를 필요가 없음.

5_ 말리기 - 건조대에 깨끗이 잘 펴서 널고 종이 덮개를 덮는다.

※ 이 때 온도 조절기는 30 ~ 35℃ 정도에 맞추는 것이 좋다.

6_ 거두기 - 하루쯤 말린 후 바싹바싹할 정도가 되면 비닐 봉투에 담고 잘 봉하여 그늘진 곳에 일시 보관한다.

찰현미

제초제를 쓰지 않아 찰현미 이삭과 잡초가 함께 영근다. (친환경)

1_ 적당량 - 약 2~3kg

2_ 성질 - (+)양극 (따뜻한 성질)

3_ 구하기 - 찰현미도 현미처럼 눈과 껍질에 영양이 듬뿍 들어 있다. 그래서 찹쌀을 사용하지 않고 찰현미만을 사용한다.

4 _ 씻기 – 찹쌀은 씻으면 영양이 다 빠지지만 찰현미는 껍질이 두꺼워서 괜찮다. 그래도 물에 오래 담그지 말고 얼른 씻고 건져내어 물기를 뺀다.

5 _ 말리기 – ① 보기와 같이 건조대에 잘 펴서 널고 온도 조절기는 항상 30~35℃ 정도에 맞추어 놓는다.

② 종이 덮개를 덮고 하루쯤 말린다.

6 _ 거두기 – 물기 없이 바싹하게 잘 말랐으면 튼튼한 비닐봉지에 담고 봉한 후, 건조하고 시원한 공간에 일시 보관한다.

흑미

1_적당량 - 1kg 정도

2_성질 - (−)음극 (찬 성질)

3_구하기 - 흑미는 눈과 껍질에 영양이 듬뿍 들어 있다.

4_ 씻기 - ① 물에 담그면 검은 물이 많이 빠지므로 얼른 씻어서 체에 건져낸다.

② 체 밑바닥을 손바닥으로 탁탁 쳐서 남은 물기를 마저 뺀다.

※ 그렇게 하면 영양 손실이 적고 말릴 때 시간 단축, 전기 절약이 된다.

5_ 말리기 - 건조대에 잘 펴서 널고 종이 덮개를 덮은 다음 하루 쯤 말린다.

6_ 거두기 - 바싹하게 잘 말랐으면 비닐봉지에 담고 건조하고 그늘진 곳에 일시 보관한다.

찰흑미

1_ 적당량 - 1kg 정도

2_ 성질 - (+)극 양극 (따뜻한 성질)

3_ 구하기 - 찰흑미도 눈과 껍질에 영양이 더 많다. (되도록 친환경 농산물 코너에서 구해 볼 것)

4 _ 씻기 - ① 물에 담그면 검붉은 물이 빠진다.

② 찰흑미도 흑미처럼 얼른 씻고 체에 건져 내어 체의 밑바닥을 손바닥으로 탁탁 쳐서 남아 있는 물기를 마저 뺀다.

5 _ 말리기 - 건조대에 잘 펴서 널고 종이 덮개를 덮은 다음 하루쯤 말린다.

6 _ 거두기 - 바싹하게 다 마르면 걷어 내어 비닐봉지에 담고 시원하고 그늘진 곳에 일시 보관한다.

곡류
05
햇보리

1_ 적당량 - 약 1kg 정도

2_ 성질 - (-)음극 (찬 성질)

3_ 구하기 - 예전에는 햇보리 알갱이가 굵었으나, 요즘엔 굵은 보리쌀이 보이지 않는다.

4_ 씻기 - ① 햇보리는 물에 담그면 흰 가루분이 물에 씻겨 나간다.

② 미끌미끌하여 빡빡 문질러 씻어도 좋으나 물에 오래 담그지 말고 얼른 씻고 건져 내어 물기를 뺀다.

5_ 말리기 - 건조대에 고루 펴서 널고 종이 덮개를 덮은 다음 이틀쯤 말린다.

6_ 거두기 - 보리는 깨끗하게 잘 건조되어도 바싹바싹 하지 않다.
비닐봉지에 담아서 시원하고 건조한 곳에 일시 보관한다.

7_ 흰 가루분 없이 깨끗하게 잘 건조된 햇 보리쌀.

찰보리

1_ 적당량 - 약 1kg 정도

2_ 성질 - (+)극 양극 (따뜻한 성질)

- 보리는 원래 강한 음극(찬 성질)이다. 그러나 찰보리
가 되면 무극에 가까운 양극이 된다.

3_ 구하기 - 예전에는 찰보리를 구경 못했으나, 요즘엔
재배가 많이 되어 나온다. 햇보리와 찰보리는 엄연히 그
성질이 다르다.

4_씻기 - 씻을 때 흰 가루분이 뿌옇게 씻겨
나간다.
- 물에 오래 담그지 말고 약간 문질러 가며
씻을 것.

5_말리기 - 건조대에 잘 펴서 널고 반드시
종이 덮개를 덮은 다음 이틀쯤 말린다.

6_거두기 - 물기 없이 잘 말랐으면 비닐봉
지에 담아서 그늘지고 시원한 공간에 일시
보관한다.

7_흰 가루분 없이 노릇하고 선명하게
잘 마른 찰보리.

백태

1_ 적당량 - 약 2kg 정도

2_ 성질 - (+)양극 (따뜻한 성질)

3_ 구하기 - 백태는 알갱이가 굵은 콩 알과 작은 콩알이 있다. 어느 것이든 다 좋다.

4_다듬고 씻기 - ① 콩은 씻기 전에 부실한 알갱이가 있는지 살펴보고 골라낸다.

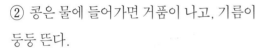

② 콩은 물에 들어가면 거품이 나고, 기름이 둥둥 뜬다.
깨끗이 씻어 대충 맑은 물이 나오면 체에 건져 내어 체 밑바닥을 손바닥으로 탁탁 치면서 물기를 뺀다.

5_ 말리기 - 건조대에 잘 펴서 널고 종이 덮개를 덮는다.
- 백태는 다른 곡류들보다 식물성 기름이 많이 함유 되어 있어서 완전 건조되는 데는 시간이 이틀 정도 걸린다.

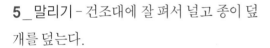

6_ 거두기 - 차돌만큼 단단하게 잘 말랐으면 비닐봉지에 담고 시원하고 건조한 곳에 일시 보관한다.

속청

1_ 적당량 - 약 1kg 정도

2_ 성질 - (-)음극 (찬 성질)

3_ 구하기 - 속청은 약콩보다 알이 굵고 검은 껍질 속에 초록색이 숨어 있다.

4_씻기 -① 속청은 씻을 때 검은 물이 빠지므로 영양 손실이 조금 있다.
그래서 빨리 씻는 게 비결이다.
-속청도 백태처럼 씻을 때 기름이 둥둥 뜬다.(식물성 기름 다량 함유)

② 체에 건져 내어 체의 밑바닥을 손바닥으로 탁탁 쳐서 물기를 뺀다.

5_말리기 - 건조대에 잘 펴서 널고 종이 덮개를 덮은 다음 이틀쯤 말린다.

6_거두기 - 단단하게 잘 말랐으면 비닐봉지에 담고 시원하고 그늘진 곳에 보관한다.

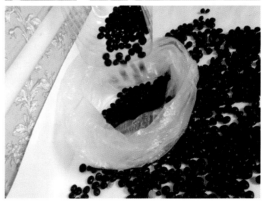

약콩

1_ 적당량 – 약 1kg 정도

2_ 성질 – (−)음극 (찬 성질)

3_ 구하기 – 약콩은 속청보다 알이 조금 작고 속도 검다.

4_ 씻기 - ① 약콩은 씻을 때 껍질이 잘 벗겨지고 물이 빠지므로 영양 손실이 조금 있다.

② 얼른 씻고 체에 건져 내어 물기를 뺀다.

5_ 말리기 - 건조대에 골고루 잘 펴서 넣고 종이 덮개를 덮은 다음 이틀쯤 말린다.

6_ 거두기 - 차돌처럼 잘 말랐으면 걷어내어 비닐봉지에 담고 열기가 빠지면 봉해서 그늘지고 건조한 곳에 보관한다.

율무

1_ 적당량 – 약 1kg 정도

- -

2_ 성질 – (−)음극 (찬 성질)

- -

3_ 구하기 – 율무는 껍질을 덜 깎은 (도정)것이든 잘 깎은 것이든 다 좋다.

※ 친환경 농산물인지 확인하고 살 것.
(수입농산물은 방부제 냄새가 많이 난다.)

4_ 씻기 - ① 율무는 맑은 물이 나오도록 깨
끗이 씻는다.

② 체에 건져 내어 체 밑바닥을 손바닥으로
탁탁 치면서 남은 물기를 뺀다.

5_ 말리기 - 건조대에 골고루 잘 펴서 널고
종이 덮개를 덮은 다음 하루쯤 말린다.

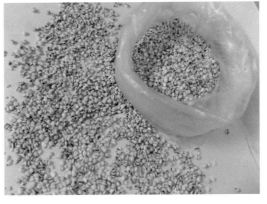

6_ 거두기 - 바싹바싹하게 잘 말랐으면 비
닐봉지에 담고 잘 봉하여 다른 곡류들과 함
께 그늘지고 건조한 곳에 일시 보관한다.

노란 차조

1_ 적당량 - 약 1kg 정도

2_ 성질 - (+)양극 (따뜻한 성질)

3_ 구하기 - 친환경 농산물 품질 표시
가 된 것을 사면 잔모래, 흙, 이물질이
없거나 적게 나온다.

4_씻기 - ① 물에 담가 잘 저은 뒤에 불순물
이 뜨는 것은 버리기를 2~3번 정도하고 가
라앉은 것은 조리를 이용하여 체에 거른다.

② 체를 통째로 물에 잠기지 않게 담그고 잘
저으면서 몇 번 반복해서 헹구어 주면, 검거
나 흐린 물은 맑아지고 흙이나 잔모래도 체
에 걸러지지 않고 다 빠지고 씻겨 나간다.
③ 체의 밑바닥을 손바닥으로 탁탁쳐서 남
은 물기를 뺀다.

5_말리기 - 건조대에 잘 펴서 널고 종이 덮
개를 덮어 하루쯤 말린다.

6_거두기 - 물기 없이 바싹바싹하게 잘 말
랐으면 걷어 내어 비닐봉지에 담고 건조하
고 그늘진 곳에 잘 보관한다.

청차조

1_ 적당량 – 약 1kg 정도

2_ 성질 – (+)양극 (따뜻한 성질)

3_ 구하기 – 청 차조는 그 색이 쑥색이며 성질은 따뜻하다.

　(왜냐하면 찰진 좁쌀이기 때문이다. 국내산은 비싸지만 그래도 수입산은 사지 말 것.)

4_ 씻기 - ① 물에 담가 잘 저은 뒤에 불순물이 뜨면 버리기를 2~3번 정도하고 가라앉은 것은 조리를 이용하여 체에 거른다.

② 체가 물에 잠기지 않게 담그고, 잘 저으면서 몇 번 반복해서 헹구어 주면 검거나 흐린 물은 맑아지고 흙이나 잔모래도 체에 걸러지지 않고 다 빠지고 씻겨져 내린다.
③ 체의 밑바닥을 손바닥으로 탁탁 쳐서 남은 물기를 뺀다.

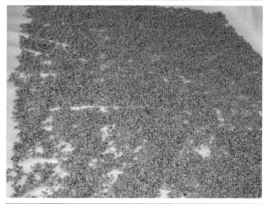

5_ 말리기 - 건조대게 잘 펴서 널고 종이 덮개를 덮는다. - 하루 정도 말린다.

6_ 거두기 - 다 말랐으면 비닐봉지에 담고 건조하고 그늘진 곳에 일시 보관한다.

곡류
13

찰수수

1_적당량 - 약 1kg 정도

2_성질 - (＋)양극 (따뜻한 성질)

3_구하기 - 친환경 농산물을 확인하
고, 수입산은 사지 말 것

4_ 씻기 – ① 찰수수는 물에 담그면 껍질이 벗겨지고 붉은 물이 빠진다. 물이 옅어질 때까지 여러 번 씻어서 체에 건져낸다.

② 체의 밑바닥을 손바닥으로 탁탁 치면서 남은 물기를 마져 뺀다.

5_ 말리기 – 건조대에 잘 펴서 널고 종이 덮개를 덮은 다음 하루쯤 말린다.

6_ 거두기 – 바싹바싹하게 잘 말랐으면 비닐봉지에 담고 열기가 빠지면 봉한 후 먼저 말린 다른 곡류들과 함께 그늘지고 시원한 곳에 일시 둔다.

알록달록 양대

1_ 적당량 - 약 500g 정도

2_ 성질 - (+)양극 (따뜻한 성질)

3_ 구하기 - 양대는 여름철에 생콩이 껍질째 나올 때 사서 말리면 아주 좋다.
- 없으면 말려 놓은 양대를 사도 좋다.

(수입산을 조심할 것)

4_ 다듬고 씻기 –혹시 건강하지 않은 콩알이 있나 살펴보고 싱싱하고 벌레 먹지 않고 썩지 않은 콩알만 사용한다.
한두 번 씻어서 체에 건져 내어 물기를 뺀다.

5_ 말리기 – 건조대에 가지런히 널고 종이 덮개를 덮은 다음 하루 ~ 하루 반 정도 말린다.

6_ 거두기 – 차돌같이 단단하게 잘 말랐으면 비닐봉지에 담고 봉하여서 시원하고 그늘진 곳에 일시 둔다.

곡류
15

적두

1_ 적당량 - 약 500g 정도

2_ 성질 - (-)음극 (찬 성질)

3_ 구하기 - 7월이 되면 싱싱한 생 적두가 껍질째 시장에 나온다. 이때 사서 건조대에 말려 놓았다가 필요할 때 꺼내 쓰면 아주 좋다. 제철이 아닐 때는 건조된 적두를 사도 좋다. (수입산을 조심할 것.)

4_다듬고 씻기 -① 껍질을 까서 건강하지 않은 콩알이 있나 살펴보고 싱싱하고, 벌레 먹지 않은 콩알만 사용한다.

② 2~3번 씻은 후 체에 건져 내어 채의 밑 바닥을 손바닥으로 탁탁 쳐서 남은 물기를 뺀다.
※ 건조된 콩도 다시 한 번 씻어서 말린다.

5_말리기 - 건조대에 가지런히 널고 종이 덮개를 덮은 다음 이틀 정도 말린다.

6_거두기 - 잘 말랐으면 비닐봉지에 담고 다른 곡류들과 함께 건조하고 시원한 곳에 일시 보관한다.

곡류
16

완두콩

1_ 적당량 - 약 1kg 정도

2_ 성질 - 무극

3_ 구하기 - 완두콩은 5~6월에 많이 나온다. 말린 완두콩은 팔지 않기 때문에 제철에 구입해서 말려 놓았다가 필요할 때 쓰면 된다.

※ 없으면 안 해도 된다.

4_ 다듬고 씻기 –껍질을 까면 이렇게 아름다운 진주같은 연두색 보석이 쏟아져 나온다. 깨끗한 물에 한번만 헹구면 된다.

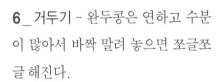

5_ 말리기 – 건조대에 가지런히 펴서 널고 종이 덮개를 덮은 다음 이틀쯤 말린다.

6_ 거두기 – 완두콩은 연하고 수분이 많아서 바짝 말려 놓으면 쪼글쪼글 해진다.
다 말랐으면 비닐봉지에 담고 다른 곡류들과 함께 시원하고 그늘진 곳에 보관한다.

곡류

17

녹두

1_ 적당량 - 약 500g 정도

2_ 성질 - (-)음극 (찬 성질)

녹두는 그 색깔 만큼이나 찬 성질을 가지고 있다.

3_ 구하기 - 녹두는 귀해서 비싸다. (수입산을 조심할 것) 녹두는 껍질째 팔지 않는다.

※ 밭에서 잘 익은 녹두는 겉이 검어도 속은 푸르다.

4_씻기 -몇 번 씻어서 물이 깨끗하면 체에 건져내어 물기를 털어서 뺀다.

5_말리기 - 건조대에 고루 펴서 널고 종이 덮개를 덮은 뒤 하루쯤 말린다.

6_거두기 - 깨끗하고 단단하게 잘 말랐으면 비닐봉지에 담고 다른 곡류들과 함께 건조하고 그늘진 곳에 보관한다.

7_ 녹색이 진한 잘 마른 녹두

지정

1_ 적당량 - 약 1kg 정도

2_ 성질 - (-)음극 (찬 성질)

3_ 구하기 - 지정은 차좁쌀보다 알맹이의 크기가 약 2배 정도 크다. 국내산은 값이 비싸서인지 수입산이 많이 들어와서 팔리고 있지만 수입산은 피할 것.

4_ 씻기 - ① 지정은 물에 담그면 흰 가루분
이 물에 씻겨 나간다.
물에 오래 담그지 말고 깨끗이 씻어서 조리
로 건져내어 체에 받친다.

② 체 밑바닥을 손바닥으로 탁탁 쳐서 남은
물기를 뺀다.

5_ 말리기 - 건조대에 고루 펴서 널고 종이
덮개를 덮은 다음 하루쯤 말린다.

6_ 거두기 - 잘 마른 지정을 비닐봉지에 담
아서 건조하고 그늘진 곳에 일시 보관한다.

팥

1_ 적당량 - 약 1kg 정도

2_ 성질 - (-)음극 (찬 성질)

3_ 구하기 - 수입산과 아주 흡사하다. (친환경 농산물) 품질표시를 꼭 확인 할 것.

4_씻기 - ① 물이 맑아지도록 깨끗이 씻고 체에 받친 후

② 체의 밑바닥을 손바닥으로 탁탁 치면 남은 물기가 빠진다.

5_말리기 - 건조대에 고루 펴서 널고 종이 덮개를 덮은 다음 하루쯤 말린다.

6_거두기 - 바짝 마른 팥을 비닐봉지에 담아서 다른 곡류들과 함께 그늘지고 시원한 곳에 일시 보관한다.

통밀

1_ 적당량 – 약 2kg 정도

2_ 성질 – (–)음극 (찬 성질)

3_ 구하기 – 국내산 통밀은 제때에 수확한 것을 구입하는 것이 가장 좋다. 묵은 것을 사면 벌레 먹은 것이 있을 수 있다. 요즘은 통밀도 검불, 돌, 모래 등을 모두 골라낸 깨끗한 것을 팔기도 한다. 통밀을 제때에 구하지 못하면 분쇄해서 포장되어 파는 「유기농 통밀가루」를 구입하면 된다.

4_씻기 - ① 씻기 전에, 부실하거나 벌레
먹은 밀알이 있는지 세심하게 살피고 점검
하여 골라낸다.
② 씻을 때에도 잔모래나 굵은 모래알이 섞
여 있는지 잘 살피면서 조리질을 해야 한다.

③ 깨끗이 헹구고 체에 받쳐 물기를 충분히
뺀다.

5_말리기 - 건조대에 고루 펴서 널고 종이
덮개를 덮은 다음 하루쯤 말린다.

6_거두기 - 물기 없이 바짝 말랐으면 비닐
봉지에 담아 봉하고 먼저 말린 다른 곡류들
과 함께 건조하고 그늘진 곳에 일시 보관한
다.

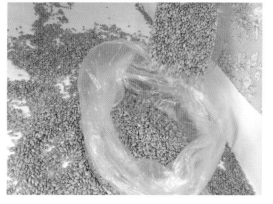

햇 옥수수

1_ 적당량 - 약 2~3kg 정도

4_ 다듬고 씻기 - ① 보라색 생 옥수수 사서 알갱이를 칼로 다 떼어 낸다.

2_ 성질 - 일반 햇옥수수 : 무극 - 찰옥수수 : 양극

3_ 구하기 - 일반 햇옥수수(노란색)는 5~6월에 수확이 되어 나오고, 찰옥수수는 그 후에 나온다. 요즘엔 말린 햇옥수수를 구하기가 힘들어 졌다. 그래서 5~6월에 생 옥수수를 구입 하지 않으면 못 구한다. 구하지 못하면 생 찰옥수수를 구입해 쓰면 된다.

② 옥수수를 물에 담가 둥둥 뜨는 껍질들을 다 걷어내고, 깨끗하게 2~3번 헹구고 조리질을 하여 체에 건져내어 물기를 터어서 뺀다.

5_ 말리기 - 건조대에 고루 펴서 넣고 종이 덮개를 덮은 후 하루쯤 말린다.

6_ 거두기 - 바싹바싹하게 잘 말랐으면 비닐봉지에 담고 봉해서 먼저 말린 다른 곡류들과 함께 건조하고 그늘진 곳에 일시 보관한다.

7_ 잘 말린 옥수수는 냉동 보관해 두었다가 필요할 때(생식 만들 때) 꺼내 쓰면 편리하다.

※ 찰옥수수가 유행하여 노란 햇옥수수 재배가 줄어들고, 찰옥수수 재배가 많이 늘어났음.

곡류
22 혼합곡

1_ 적당량 - 약 1kg~1.6kg 정도

2_ 성질 - 무극 (찬 성질과 따뜻한 성질을 모두 포용하면 무극이 된다.)

3_ 구하기 - 반드시 국내산 「친환경 농산물 품질 표시」가 있는지를 확인하고 구입하면 좋을 것 같다.

4_씻기 – 혼합곡을 깨끗이 씻어서 체에 건
져 내어 물기를 뺀다.

5_말리기 – 건조대에 고루 펴서 널고 종이
덮개를 반드시 덮은 다음 하루쯤 말린다.

6_거두기 – 물기 없이 바짝 말랐으면 걷어
내어 다른 곡류와 봉투를 따로 하여 담고 건
조한 곳에 둔다.

7_ 혼합곡을 따로 준비하는 것은 볶아서
「미숫가루」를 만들기 위함이다.

이것은 나중에 아주 중요한 역할을 하게 될
것이다.

곡류(혼합곡을 뺀 21가지)를 모두 합쳐 놓았다.

※ 혼합곡은 따로 분류함.

육상선수들 중에
단거리 육상선수는 육식을 주로 하고,
장거리 마라톤 선수는
채식을 주로 한다고 들었다.
육식을 하는 단거리 선수는
일시적으로 큰 힘을 내나
오래 길게 뛰지 못하고,
채식을 하는 장거리 마라톤 선수는
그 기운을 장시간 발산할 수가 있다.
그래서 그 먼 길을 뛰어갈 수가 있는 것이다.

이것이 저력이다.

◉ 무극 연밥

(2) 견과류(8가지)

23. 참깨	27. 해바라기씨
24. 흑깨	28. 호박씨
25. 들깨	29. 미강
26. 땅콩	30. 호두

참고

- 견과류는 수입산이 많으니 잘 살펴보고 되도록 국내산을 사는 것이 좋다.

- 이유는?

  수입하는 과정에서 방부제를 많이 치기 때문이다.

- 위의 견과류를 모두 넣을 경우 : 분량을 조금씩 덜하여 넣고

- 몇 가지만 넣을 경우 : 그 양을 조금 더하여 넣으면 된다.

● 무극 유채꽃

참깨

1_ 적당량 – 약 300~500g 정도

2_ 성질 – (+)양극 (따뜻한 성질)

3_ 구하기 – 국내산은 값이 비싸고 알이 굵으며 여러 가지 잡티가 많이 섞여 있다.

※ 수입산은 값도 싸고 깨끗하다. 그러나 수입할 때 방부제를 많이 쓰므로 국내산을 사는 것이 좋다.

4_ 다듬고 씻기 - ① 참깨는 씻기 전에 어느 정도 검불을 골라 낸다.

② 2번 정도 물에 씻은 후, 조리질 하여 흙, 돌, 이물질을 걸러내고 체에 건져 낸다.

③ 체를 통째로 물에 담가 씻는다. 흐린 물을 깨끗이 하기 위해 몇 번 더 헹군다.

④ 물기를 뺀 후, 체의 밑바닥을 손바닥으로 탁탁 쳐서 숨어 있는 물기마저 털어 낸다.

5_ 말리기 - 건조대에 고루 펴서 넣고 종이 덮개를 덮은 후 하루쯤 말린다.

6_ 거두기 - 바싹하게 잘 말랐으면 비닐봉지에 담아서 봉한 후 다른 곡류들과 함께 시원하고 건조한 곳에 일시 보관한다.

7_ 검불 없이 깨끗하게 잘 마른 참깨

흑깨

1_ 적당량 - 약 300g 정도

2_ 성질 - (-)음극 (찬 성질)

3_ 구하기 - 국내산은 알갱이가 굵고, 검은 은색빛이 나고 잡티와 참깨가 적당히 섞여있다.
그리고 값이 비싸다.

※ 가끔 국내산으로 둔갑한 수입산이 있으니 잘 보고 구입할 것. 수입산은 알갱이가 잘고 깨
끗하다. 완전 까맣고 윤기가 없으며, 씻으면 새까만 물이 많이 빠진다.

4_ 다듬고 씻기 - ① 흑깨는 씻기 전에 어느 정도 검불을 골라낸다.

② 2번 정도 물에 씻은 후 조리질을 해(흙, 돌, 이물질 들을 골라내고) 체에 건져 낸다.

③ 체를 통째로 물에 담가 깨끗한 물이 나올 때까지 헹군다.

④ 물을 뺀 후, 체의 밑바닥을 손바닥으로 탁탁 쳐서 숨어 있는 물기마저 털어낸다.

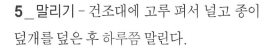

5_ 말리기 - 건조대에 고루 펴서 넣고 종이 덮개를 덮은 후 하루쯤 말린다.

6_ 거두기 - 바싹하게 잘 말랐으면 비닐봉지에 담고 봉하여, 건조하고 시원한 곳에 일시 보관한다.

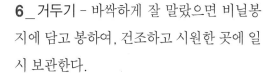

※ 흑깨((-)극)와 참깨 ((+)극)를 반반 섞어서 참기름을 짜거나 깨소금을 만들었을 때 그것은 「무극」이 된다.

견과류

25

들깨

1_ 적당량 – 약 500g 정도

2_ 성질 – (+)양극 (따뜻한 성질)

3_ 구하기 – 들깨도 다른 견과류와 마찬가지로 국내산을 이용하였으면 한다.

　　(수입산은 이미 오는 과정에서 약을 치기 때문)

4_다듬고 씻기 - ① 검불, 이물질을 먼저 골라낸다.

② 2번 정도 물에 씻은 후, 조리질을 하여 검불, 이물질, 돌, 모래 등을 골라내고 체에 담는다.

③ 체를 통째로 물에 담가 3~4번 헹구어 낸 후 물을 뺀다.

④ 체의 밑바닥을 손바닥으로 탁탁 쳐서 나머지 숨어 있는 물기도 털어낸다.

5_말리기 - 건조대에 고루 펴서 널고 종이 덮개를 덮은 다음 하루쯤 말린다.

6_거두기 - 잘 말랐으면 비닐봉지에 담아서 봉하고 다른 말린 곡류들과 함께 시원하고 건조한 곳에 일시 보관한다.

7_아주 깨끗하고 바싹하게 잘 마른 들깨

땅콩

1_ 적당량 – 껍질을 깐 땅콩 약 500g 정도

2_ 성질 – (＋)양극 (따뜻한 성질)

3_ 구하기 – 땅콩이 제철인 초가을에, 딱딱한 껍질째로 사서 직접 껍질을 벗겨서 쓰면 좋다.
그러나 제철이 아닐 때에는 껍질을 벗긴 생 땅콩을 사서 쓰면 된다.

4_ 다듬고 씻기 - ① 껍질을 벗긴다.

② 부실한 것은 골라내고 건강한 것만 사용한다.

③ 한 번 씻은 후 잠시 물에 담가 놓으면 분홍색 껍질이 불어서 잘 벗겨진다.

④ 땅콩 속에 곰팡이가 쓸 우려가 있기 때문에 껍질을 벗긴 흰 땅콩을 다시 반으로 쪼갠다.

※ 속에 곰팡이가 있음을 확인하면 아까워 하지 말고 무조건 버릴 것.

5_ 말리기 - 땅콩을 건조대에 잘 펴서 널고 종이 덮개로 덮은 후 하루쯤 말린다.

6_ 거두기 - 바싹바싹하게 잘 말랐으면 걷어내어 비닐봉지에 담아서 봉하고 시원하고 그늘진 곳에 일시 보관한다.

7_ 잘 마른 땅콩은 그 맛이 고소하고 아삭아삭하여 그냥 간식으로 먹어도 안심할 수 있다.

해바라기 씨

1_ 적당량 – 깐 해바라기씨 300g 정도

2_ 성질 – (−)음극 (찬 성질)

3_ 구하기 – 해바라기 씨는 껍질 깐 것을 구입하는 것이 훨씬 수월하다. 껍질째 있는 것을 구
입하면 껍질 까는 작업이 힘들기 때문이다.

– 해바라기 씨는 국내산이 귀하고 비싸며, 인터넷에서도 산지 직송으로 구입할 수 있다.

※ 구하기 힘들면 안 넣어도 된다 – 수입산은 방부제를 많이 치니 값이 싸도 구입하지 않는
것이 좋다.

4 씻기 - 해바라기씨는 살짝 씻어서 검불이 없으면 건져 내어 물기를 뺀다.

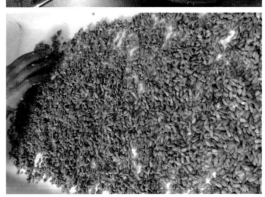

5 말리기 - 건조대에 고루 펴서 널고 종이 덮개를 덮어서 하루쯤 말린다.

6 거두기 - 아삭아삭하게 잘 말랐으면 비닐봉지에 담아 봉하고 시원하고 그늘진 곳에 둔다.

7 고소하고 담백한 말린
해바라기 씨

호박씨

1_ 적당량 - 300~500g 정도

2_ 성질 - (+)양극 (따뜻한 성질)

3_ 구하기 - 가을에 서리 맞기 전에 거둔 주홍빛 나는 누런
호박을 선택하면 호박 속에 하얀 씨앗이 잘 영글어 있다.

4_ 다듬고 씻기 - ① 호박을 반으로 자르면 그 속에
알차고 잘 영글은 하얀 호박씨가 나온다

② 호박씨를 꺼낸다.

호박씨는 껍질을 벗기지 않고 그대로 사용한다.(섬유질이 질기지 않고 부드러워서 통째로 먹기에 좋다.)

③ 깨끗하게 씻어서 체에 건져 낸 후 체의 밑바닥을 손바닥으로 탁탁 쳐서 남은 물기를 뺀다.

5_ 말리기 - 건조대에 가지런히 펴서 널고 종이 덮개를 덮은 후 하루쯤 말린다.

6_ 거두기 - 고소하고 바싹하게 잘 말랐으면 비닐봉지에 담아 봉하고 그늘지고 건조한 곳에 일시 보관한다.

미강

- 미강은 쌀의 80~90% 정도의 영
양을 가졌다고 할 수 있으며 그 맛이
기름지고 고소하고 담백하다.

미강

※ 미강은 현미에서 백미로 껍질을
깎을 때 (중간 도정) 나오는 껍질 +
현미눈 을 말한다.

↑ 9분도 쌀

1_ 적당량 - 약 400~500g 정도

2_ 성질 - (-)음극 (찬 성질)

3_ 구하기 - ① 곡식 도정 하는 정미소에 가면 구할 수 있다.

② 백화점(내) 곡식 전문점에서는 즉석에서 현미를 원하는 대로 도정해 주었다.

나는 현미를 (9분도 쌀)로 도정하고 미강도 구했다.

(9분도 쌀) 과 (미강)

4_ 다듬고 씻기 - 미강을 아주 고운 「체」나 「조리」에 쳐서 섬세한 쌀겨마저도 거르면 더욱더 미세한 입자만 남는다.
이것은 씻지 않아도 된다.

5_ 말리기 - 미강을 건조대에 고루 펴서 널고, 종이 덮개를 덮은 다음 2~3시간 정도 말린다.

6_ 거두기 - 잘 말랐으면 비닐 봉지에 담아 봉하고 건조하고 그늘진 곳에 일시 보관한다.

7_ 잘 마른 미강은 입자가 아주 미세하다.

호두

1_ 적당량 – 껍질 깐 것 약 400g 정도

2_ 성질 – (−)음극 (찬 성질)

3_ 구하기 – 국내산 호두는 껍질이 동글동글 하고 색이 진하다

4_다듬기 - 껍질 까는 것이 힘이 드니 아예 껍질 까놓은 것을 사면 편하다

※ 껍질 속 알맹이는 사람의 뇌 모양을 하고 있는데 그 돌기의 모양이 굴곡이 많고 촘촘하고 야무지고 선명한 갈색을 띄고 있으며 아주 똑똑하게 생겼다.

5_말리기 - 호두를 더 잘게 조각내어서 건조대에 골고루 잘 펴서 넣고 종이 덮개를 덮은 다음 - 반나절 정도 말린다.

6_거두기 - 더 바싹바싹하게 잘 말린 호두는 걷어 내어 비닐 봉지에 담아서 건조하고 그늘진 곳에 일시 보관한다.

7_ 국내산 호두는 그 맛이 느끼하지 않고 고소하며 담백하다.

견과류(8가지)를 모두 합쳐 놓았다.
미강은 따로 담는다.

철새들이
평소에는 벌레 잡아먹고 풀 뜯어먹고 살다가,
계절 따라 다른 지역으로 장소를 옮길 때는
쉬지 않고 먼 길을 날아가기 위해 저력을 키우게 된다.
그래서
열심히 곡식을 먹고 힘을 비축해 놓는다.
그 힘으로 머나먼 여정 길을
쉬지 않고 날아갈 수가 있는 것이다.
마치 마라톤 선수처럼⋯⋯

◉무극 수세미

김

다시마

참 고

바다 밑 채소

김, 다시마, 마재기, 미역, 파래, 톳 들은 소금 성분을 빼고 나면 모두 다 무극이 되니 이보다 더 좋은 것이 바다 밑에 또 있을까?

모두 다 사용해도 된다!

모든 바다 밑 채소는 최고의 「미네랄 보고」이다.

톳

파래

(3) 해조류

31. 미역
32. 다시마

※ 해조류는 짠맛 때문에 2가지 정도만 써도 괜찮다.

마재기

미역

미역

1_ 적당량 – 마른 미역 약 200g 정도

2_ 성질 – 소금 성분이 포함되면 : (−)음극 (찬 성질)

　　　　　 – 소금 성분을 뺀 미역 : 무극

3_ 구하기 – 소금 성분이 포함된 미역을 사용한다.

　　　　　 미역은 바다 밑에 서식하는 채소이며, 양식과 자연산이 있다.

4_ 다듬기 - 덩어리째로 말린 미역을 2~3cm 길이로 짤막하게 가위로 자른다.

5_ 말리기 - 짧게 자른 미역을 건조대에 고루 잘 펴서 널고 종이 덮개를 덮은 다음 잠시 동안 말린다.

6_ 거두기 - 잘 말린 미역을 비닐봉지에 담아서 시원하고 건조한 곳에 잠시 보관한다.

7_ 한 번 더 말린 미역은 눅눅하지 않고 아주 바싹하다.

해조류
32

다시마

1_ 적당량 - 다시마 말린 것 : 약 200g 정도

2_ 성질 - 소금 성분이 포함 되면 : (−)음극 (찬 성질)

　　　　- 소금 성분을 뺀 다시마 : 무극

3_ 구하기 - 소금 성분이 포함된 다시마를 사용한다.

　　　　다시마는 바다 밑에 서식하는 채소이며, 양식과 자연산이 있다.

4_다듬기 - 덩어리째로 말린 다시마를 2
~3cm 정도 길이로 짤막하게 가위로 자른
다.

5_말리기 - 자른 다시마를 건조대에 고루
펴서 널고 종이 덮개를 덮은 다음 잠시 동안
말린다.

6_거두기 - 다 말린 다시마를 비닐봉지에
담고 잘 봉하여 건조한 곳에 둔다.

7_ 한 번 더 말린 다시마는 눅눅하
지 않고 바싹바싹하다.

화를 내는 것도 아니요,
화를 참는 것도 아니요,
그저 마음이 일어나지 않는 것이다.

 화를 내면 상대방의 마음에 병이 생기고,
화를 참으면 내 마음에 병이 생긴다.
 마음의 병은 곧 육신의 병이 되니
마음과 몸이 병이 들면 이것이 곧 불행이다.

 그저 마음이 일어나지 않는 다면
당연히 아무 일도 일어나지 않을 것이니
이것이 바로 행복 수행이다.
 마음이 고요하여 일어나지 않게
수행을 게을리 하지 말 지어다.

● 무극 운지버섯

(4) 버섯류

33. 표고버섯

34. 새송이버섯

참 고

- 버섯은 그 종류가 어마어마하여 무려 천여 종에 이른다고 한다.

 한국의 식용버섯만 해도 무려 220여 종이라고 하니……

 그러나 생식에 필요한 버섯은 우리 주위에서 흔히 구할 수 있는 버섯 종류로서

 생으로 먹을 수 있는 것들 중에서 골라야 한다.

- 영지버섯 등

달여서 취하는 재료는 일체 쓰지 않는다.

자연산 표고버섯

표고버섯

1_ 적당량 - 생 표고버섯 500g ~ 1kg 정도

- 말린 표고버섯 약 200g 정도

2_ 성질 - 자연산. 노지재배 : 무극

- 하우스 재배 : (-)음극 (찬 성질)

3_ 구하기 - 표고버섯은 모두 친환경

(무농약, 유기농) 재배한다.

생 표고버섯은 맛과 향이 진하고, 입자가

단단하다. 털이 보송보송한 것으로 고를 것.

4_ 다듬기 - ① 살짝 씻어서 물기를 닦는다.
② 생 표고버섯의 뿌리 끝에 묻은 검은 부분을 칼로 얇게 깎아 낸다.

③ 버섯기둥을 떼어 내어서 납작하게 썬다. 버섯 지붕도 3mm 정도 두께로 납작하게 썬다.

5_ 말리기 - 건조대에 가지런히 펴서 널고 종이 덮개를 덮은 후 하루쯤 말린다.

6_ 거두기 - 바삭바삭하게 잘 마른 표고버섯을 걷어내어 비닐 봉지에 담고 봉하여 건조하고 그늘진 곳에 일시 보관한다.

세송이버섯

1_ 적당량 - 약 10개 정도

2_ 성질 - (-)음극 (찬 성질)

3_ 구하기 - 모두 친환경 (무농약, 유기농)재배, 생산 되므로 안심해도 된다.

4_다듬기 - ① 한 번만 살짝 씻어서 마른 행주로 닦는다.
② 뿌리 부분을 칼로 자른 다음 35mm 정도 두께로 납작하게 썬다.

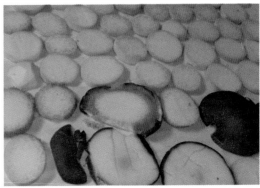

5_말리기 - 건조대에 촘촘히 잘 펴서 널고 종이 덮개를 덮은 다음 하루쯤 말린다.

6_거두기 - 바싹하게 잘 말랐으면 비닐봉지에 담아서 봉하고 그늘지고 시원한 곳에 일시 보관한다.

7_ 바싹 마른 새송이 버섯은 그냥 먹어도 맛이 있다.

화를 다스리는 비법

화가 나면,
화를 내지도 말고
화를 참지도 말라.
그냥,
마음을 일으키지 말고
가만히 30초만 있어보라.
아니 부족하거든,
1분 더 가만히 아무 생각을 일으키지 말고,
그저 가만히 있어보라.
그러면,
저절로 시간이 해결해 준다.
잠시 후,
'아 – 내가 마음을 일으키지 않아서 참 다행이구나.'
싶을 정도의 큰 기적이 일어난 뒤임을 깨닫게 된다.
그렇게,
모든 화는 순간을 다스리지 못해 일어나는 것이다.

● 무극 무화과

(5) 과일류

35. 밤

36. 대추

참 고

※ 이 밖에 무화가(무극), 바나나(무극) 등을 말려서 넣어도 좋다.

자연산 밤송이

밤

1_ 적당량 - 약(대두) 반 되 정도

2_ 성질 - (+) 양극 (따뜻한 성질)

3_ 구하기 - 밤은 국산이 가장 좋으며, 탱탱하고 굵고 단단하고 벌레 없이 건강한 것을 고른다.

4_ 다듬기 - ① 밤은 겉껍질만 벗기면 된다.
상처나거나 벌레가 들어 있는 것은 없는지 잘 살펴보고, 골라내고 다듬어야 한다.

② 2~3mm 두께로 얇게 썬다.

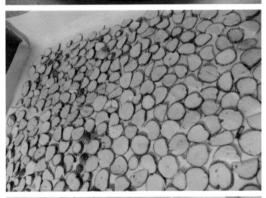

5_말리기 - 건조대에 잘 펴서 촘촘하게 널고 종이 덮개를 덮은 다음 하루쯤 말린다.

6_거두기 - 바싹하게 잘 말랐으면 걷어내어 비닐봉지에 담아서 봉하고 시원하고 그늘진 곳에 둔다.

7_ 말린 밤은 겉껍질이 많이 떫지 않다.

과일류

36

대추

1_ 적당량 – 약 (대두) 반 되 정도

2_ 성질 – 잎 : 무극

　　　　 – 열매 : (＋)양극 (따뜻한 성질)

3_ 구하기 – 대추는 붉게 잘 익은 생 대추를 사용해도 좋고, 한 번 말려 놓은 건 대추를 사용 해도 좋다. 대추는 굵을수록 단맛이 진하고 살이 많아서 다듬기도 좋다.

4_ 씻고 다듬기 - ① 대추를 물에 담가 한두 번 먼지를 씻어 낸 후 물기를 뺀다.
② 대추를 돌려깎기 하여 씨를 빼 낸 다음 1~2mm 정도로 최대한 얇게 썬다.

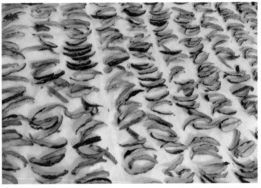

5_ 말리기 - 건조대에 가지런히 펴서 널고 종이 덮개를 덮는다.
대추는 단맛이 진하여 말리는 데 다른 것 보다 더 긴 시간이 필요하다.
- 3일쯤 말려야 한다.

6_ 거두기 - 바싹바싹하게 잘 말랐으면 비닐봉지에 담아서 봉하여 시원하고 그늘진 곳에 둔다.

7_ 말린 대추는 간식으로도 만점이다.
※ 냉동보관하면 더욱 바싹하고 맛이 좋다.

동화사 가는 길목, 유기농 주말 농장

(6) 채소류(28가지)

• 열매 채소	• 잎 · 줄기 채소	• 뿌리 채소
37. 누런 호박	43. 고추잎	55. 당근
38. 애호박	44. 냉이(잎,뿌리를 통째로 먹는 채소)	56. 연근
39. 풋고추	45. 녹차잎	57. 우엉
40. 피망	46. 청경채	58. 칡뿌리
41. 파프리카	47. 브로콜리(화채류)	59. 생강
42. 가지	48. 적채	60. 콜라비
	49. 양배추	61. 도라지
	50. 돈나물 (돌나물)	62. 더덕
	51. 쑥	63. 무
	52. 연잎	64. 고구마
	53. 솔잎	
	54. 들깨잎	

참고

생식에 쓰이지 않는 재료

① 감자 – 감자의 눈에 싹이 날 때 또는 감자 표면에 푸른색이 나타날 때 솔라닌 독이 있기 때문이다.

② 파, 마늘 ,양파, 부추 – 냄새와 맛이 독하고 강함.

다른 채소, 곡류와도 혼합이 되지 않음.

▶ **파, 마늘, 양파** – 함께 하면 모든 생식 재료의 좋은 기운(+-•)을 모두 없애 버리고 자기의 극(-)만 존재하게 함.

▶ **부추** – 함께 하면 모든 생식재료의 좋은 기운(+-•)을 모두 없애 버리고 자기의 극(+)만 존재하게 함.

③ 쓴맛을 내는 채소 재료는 – 아무리 그 영양소가 풍부하고 귀하고 그 효능이 뛰어나다 해도 쓸 수가 없다.

– 생식을 먹을 때 – 쓴맛이 나거나 맛이 없으면 한 번은 먹을 수 있어도 평생 먹으라고 하면 절대로 먹지 않을 것이기 때문이다.

※ 독이 없고 맛있는 좋은 재료가 있으면 더 넣어서 만들어도 좋다.

누런 호박

1_ 적당량 - 적당한 크기 1개(큰 것은 반 쪽 정도)

2_ 성질 - (+)양극 (따뜻한 성질)

3_ 구하기 - 크고 둥근 누런 호박은 햇볕을 많이 받으면
겉면에 흰 분이 많고 주황빛이 진해지며 수분이 적고
단단하다. 맛과 향이 진하고 영양성분이 높다.

※ 누런 호박은 속에 곰팡이나 벌레가 든 경우도 있으니
반으로 잘라보고 사는 것이 좋다.

4_ 다듬기 - ① 누런 호박을 반으로 자르고 씨앗과 함께 속을
파낸다. (씨앗은 견과류에서 쓸 것임)
② 길이로 길게 여러 조각으로 나눈다.

③ 토막낸 호박을 옆으로 세워놓고 칼로 껍질을 벗기거나, 감자 깎는 칼로 껍질을 벗겨낸다. (누런 호박의 껍질은 단단하고 두꺼워서 사용하지 않는다.)

④ 3mm 정도 두께로 납작하게 썬다.

5_ 말리기 - 건조대에 가지런히 잘 펴서 널고 종이 덮개를 덮은 다음 - 단맛이 많아서 3일 정도는 말려야 한다.

6_ 거두기 - 다 말랐으면 걷어내어 식혔다가 비닐 봉지에 담아서 봉하고 시원하고 그늘진 곳에 보관한다.

7_ 달고 맛있는 누런 호박 말랭이

※ 혹시 누런 호박이 없으면 단호박(무국)을 이용해 보는 것도 좋다.

애호박

1_ 적당량 - 약 3개 정도

2_ 성질 - (-)음극 (찬 성질)

3_ 구하기 - 사진으로 보는 그대로의
호박을 구하면 된다.

4_ 씻고 다듬기 - ① 소금 한 숟가락과 식초 몇 방울 탄 수돗물에 깨끗이 씻는다.
② 꼭지를 자르고 2~3mm 정도 두께로 납작납작하게 썬다.

5_ 말리기 - 건조대에 가지런히 잘 펴서 널고 종이 덮개를 덮은 다음 하루쯤 말린다.

6_ 거두기 - 다 마르면 걷어내어 비닐봉지에 담아서 봉하고 그늘지고 건조한 곳에 일시 보관한다.

7_ 소리가 나도록 바싹바싹하게 잘 마른 애호박

풋고추

1_ 적당량 - 적당한 크기 약 30개 정도

2_ 성질 - 풋고추 : (−)음극 (찬 성질) - 붉은 고추 : (＋)양극 (따뜻한 성질)

※ 붉은 고추는 평소에 반찬 만들 때 양념으로 자주 쓰이므로 생식 만들기에는 넣지 않기로 한다.

3_ 구하기 - 풋고추는 맵지 않고 싱싱한 것을 골라 사면 고추씨까지 다 사용할 수가 있다.

4_ 씻고 다듬기 - ① 소금 한 숟가락과 식초 몇 방울 탄 수돗물에 5분 정도 담가 두었다가 헹구어 낸다.

② 꼭지를 따고 풋고추를 3mm 정도 두께로 썬다.

- 풋고추가 싱싱하면 고추씨도 싱싱할 것이므로 통째로 다 쓰면 좋다. 그러나 고추씨가 베이지색, 갈색을 띠고 있으면 고추를 길이로 길게 2등분하여 자르고 씨앗을 다 빼낸 다음 다시 씻어서 썬다.

5_ 말리기 - 건조대에 가지런히 펴서 널고 종이 덮개를 덮은 다음 하루쯤 말린다.

6_ 거두기 - 바싹하게 잘 말랐으면 걷어내어 비닐봉지에 담고 봉하여 그늘지고 건조한 곳에 일시 보관한다.

7_ 바싹바싹하게 잘 마른 풋고추는 매콤달콤 하다.

피망

1_적당량 - 10개~15개 정도

2_성질 - (-)음극 (찬 성질)

　- 붉은 피망 : (+)양극 (따뜻한 성질)

3_구하기 - 청 피망, 빨간 피망을 모두 사용해도

　좋다. 꼭지가 싱싱한 피망을 고를 것.

4_다듬기 - ① 흐르는 수돗물에 깨

끗이 씻은 피망을 반으로 자른 다음,

꼭지를 따고 씨와 속살을 떼어낸다.

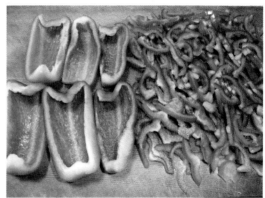

② 4등분이 되게 자르고 3mm 두께로 채썬다.

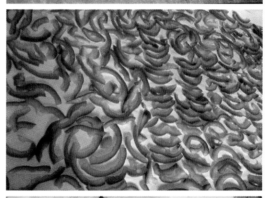

5_ 말리기 - 건조대에 촘촘히 펴서 넣고 종이 덮개를 덮은 다음 하루쯤 말린다.

6_ 거두기 - 물기 없이 바싹바싹하게 잘 말랐으면 비닐봉지에 담아서 봉하고 건조하고 그늘진 곳에 일시 보관한다.

7_ 잘 마른 피망은 약간 매콤달콤하다.

파프리카

1_ 적당량 - 약 10개 정도

2_ 성질 - 노지 재배 : 잎, 열매 모두 무극

　　　　- 하우스 재배 :

　　빨강색, 주황색, 노란색 - (+)양극 (따뜻한 성질)

　　초록색 - (−)음극 (찬 성질)

3_ 구하기 - 파프리카는 싱싱한 것을 고른다.

4_ 씻고 다듬기 - ① 흐르는 수돗물에 깨끗이 씻는다.

② 파프리카를 길이로 4조각이 되도록 자른 다음 꼭지와 씨를 깨끗이 떼어낸다.

③ 파프리카를 3mm 두께로 썬다.

5_ 말리기 - 건조대에 촘촘히 펴서 널고 종이 덮개를 덮은 다음 하루쯤 말린다.

6_ 거두기 - 바싹하게 잘 말랐으면 걷어내어 비닐봉지에 담아서 봉하고, 건조하고 그늘진 곳에 보관한다.

7_ 완전 건조된 파프리카는 바싹하고 달콤한 것이 마치 과자 같다.

가지

1_ 적당량 - 약 10개

2_ 성질 - 노지 재배 : 무극

       - 하우스 재배 : 양극

3_ 구하기 - 가지는 크지 않은 것이 더 좋으며,
야무지고 단단하고 조금 가늘어도 좋다.

4_ 씻고 다듬기 - ① 흐르는 수돗물에 깨끗이 씻는다.

② 가지는 꼭지에 가시가 있으니 조심해서 잘라야 한다. 몸통은 2~3mm 두께로 납작하게 썬다.

5_ 말리기 - 건조대에 촘촘히 펴서 넣고 종이 덮개를 덮은 후 하루쯤 말린다.

6_ 거두기 - 바싹하게 잘 말랐으면 걷어내어 비닐봉지에 담아서 봉하고, 다른 생식들과 함께 시원하고 그늘진 곳에 일시 보관한다.

7_ 바싹바싹한 가지 말랭이

고추잎

1_ 적당량 - 약 400~500g 정도

2_ 성질 - (-)음극 (찬 성질)

3_ 구하기 - 봄, 여름, 가을철에 고추잎을 따서
시장에 팔러 나오는 것을 산다. 벌레가 없는
깨끗한 잎을 골라서 쓴다.

※ 구하지 못하면 안 넣어도 된다.

4_ 씻고 다듬기 - ① 억세고 굵은 줄기는 떼어내고 부드러운 어린 가지와 잎만 골라서 깨끗이 다듬는다.

② 소금 한 숟가락, 식초 몇 방울 탄 수돗물에 약 5~10분 정도 담가 두었다가 두어 번 깨끗이 헹군다.

5_ 말리기 - 건조대에 고루 펴서 넣고 종이 덮개를 덮은 다음 하루쯤 말린다.

6_ 거두기 - 바싹하게 마르면 걷어내어 비닐봉지에 담아서 봉한 후 그늘지고 건조한 곳에 일시 보관한다.

7_ 바싹바싹하게 잘 말려진 고추잎 말랭이

냉이

1_ 적당량 – 약 300~500g 정도

2_ 성질 – 잎 : (−)음극 (찬 성질)
- 뿌리 : (+)양극 (따뜻한 성질)

※ 냉이는 잎((−)극)과 뿌리((+)극)를 다 같이 먹으니 「무극」을 만들어 먹는 셈이 된다.

3_ 구하기 – 냉이는 원래 한겨울에서 이른 봄철에 들이나 밭고랑에서 나는 무공해 나물이지만 요즘은 사철, 언제든지 구할 수 있어서 좋다.

4_다듬고 씻기 - ① 냉이는 검불이 붙은 것을 잘 떼어내고 다듬는다. 뿌리가 굵은 것은 잘 마르도록 칼집을 내어 반으로 가른다.
② 소금 한 숟가락 넣고, 식초 몇 방울 탄 수돗물에 5~10분쯤 담가 두었다가 깨끗이 헹구고 건져내어 물기를 턴다.

5_말리기 - 건조대에 잘 펴서 널고 종이 덮개를 덮은 다음 하루쯤 말린다.

6_거두기 - 비닐봉지에 담아서 봉하고 시원하고 그늘진 곳에 일시 보관한다.

7_ 만지면 부서질 정도로 바싹바싹하게 잘 마른 냉이 말랭이

녹차잎

1_ 적당량 - 마른 녹차 약 50g 정도

2_ 성질 - (-)음극 (찬 성질)

3_ 구하기 - 녹차는 대작이 쓰기에 좋으나 비싸다. 없으면 「엽차용」 녹차 잎을 사용해도 좋다. 생잎은 구하기 힘드니, 약업사에 가서 말려서 가공해 놓은 것을 사면 된다.

4_ 다시 말리기 - 녹차 잎을 다시 한번 건조
대에 가지런히 펴서 널고 종이 덮개를 덮은
후 한두 시간쯤 말린다.

5_ 거두기 - 바짝 마른 녹차 잎을 비닐봉지
에 담아서 봉하고 시원하고 그늘진 곳에 둔
다.

6_ 한번 더 말린 녹차 잎

청경채

유기농 주말농장에서

1_ 적당량 - 약 10개 ~ 15포기 정도

2_ 성질 - (-)음극 (찬 성질)

3_ 구하기 - 청경채는 벌레 먹은 잎도 괜찮으니
깨끗하고 싱싱한 잎을 골라서 산다.

4_ 씻고 다듬기 – ① 한 잎 한 잎 따로 떼어
낸다.

② 소금 한 숟가락, 식초 몇 방울 탄 수돗물에
5~10분 정도 담가 두었다가 헹구어 낸다.

③ 청경채 잎을 5mm 정도 두께로 채썬다.

5_ 말리기 – 건조대에 잘 펴서 널고 종이 덮
개를 덮은 다음 하루쯤 말린다.

6_ 거두기 – 물기 없이 바싹하게 잘 말랐으
면 비닐봉지에 담아서 봉하고 시원하고 건
조한 곳에 일시 보관한다.

7_ 바싹바싹한 청경채 말랭이

브로콜리

제주도 친환경재배

1_ 적당량 - 2 ~ 3개 정도

2_ 성질 - 겉부분(초록색) : (−)음극 (찬 성질)

　　　　- 속부분(노란색) : 무극　　 - 잎 : 무극

3_ 구하기 - 브로콜리는 시원하고 기온이 조금 낮은 지역인 고랭지. 산 아래 동네 등에서 이

　　른 봄 가을철에 2번 정도 재배한다.

※ 브로콜리는 꽃이 피면 「무극」이 된다. 그러나 꽃이 피지 않은 브로콜리를 구하기가 더 쉽다.

※ 수입이 많으며 속에 곰팡이가 있을 수 있으니 조심할 것.

4_ 씻고 다듬기 - ① 흐르는 수돗물에 한두 번 깨끗하게 씻은 후 물기를 턴다.

② 전체를 반으로 자른다. 굵은 목줄기는 따로 잘라서 억센 껍질을 얇게 벗긴 다음 2~3mm 두께로 납작하게 썬다.

③ 꽃은 모두 잘게 찢듯이 썰어두고 나머지 푸른 잎도 썬다.

5_ 말리기 - 건조대에 모두 촘촘하게 펴서 널고 종이 덮개로 덮은 다음 하루 동안 말린다.

6_ 거두기 - 바싹하게 잘 말랐으면 비닐봉지에 담고 봉한 뒤 시원하고 건조한 곳에 일시 보관한다.

7_ 잘 말린 브로콜리 말랭이

※ 브로콜리 잎은 「무극」이어서 좋으나 구하기가 힘들어서 생식재료로는 쓸 수가 없다.

적채

제주도 친환경재배

1_ 적당량 - 1개

2_ 성질 - (-)음극 (찬 성질)

3_ 구하기 - 원산지 표기가 국내산인지 꼭 확인할 것.

4_ 씻고 다듬기 -

① 억센 껍질을 두세 겹 벗기고 나서 흐르는 수돗물에 깨끗이 씻는다.

② 잎 하나하나 정성껏 떼어낸다.

③ 큰 잎의 가장 중간에 있는 큰 줄기는 모두 잘라낸다.

※ 큰 줄기는 건조가 잘 안됨.

④ 얇은 잎은 모두 3mm 두께로 채썬다.

5_ 말리기 - 건조대에 고루 펴서 널고 종이 덮개를 덮은 다음 하루쯤 말린다.

6_ 거두기 - 바싹하게 잘 말랐으면 비닐봉 지에 담고 봉하여 시원하고 그늘진 곳에 일 시 보관한다.

7_ 진 보라색 적채 말랭이

양배추

고령 친환경 재배지에서

1_ 적당량 - 적당한 크기 1포기

2_ 성질 - (+)양극 (따뜻한 성질)

3_ 구하기 - 친환경 채소면 더 좋겠다.

　크기는 작은 것 보다 큰 것이 단맛이 많고 쓴쓰레한 맛이 없다.

4_ 씻고 다듬기 - ① 억센 껍질을 한 두 겹 벗기고 깨끗한 속껍질이 나오면

　흐르는 수돗물에 깨끗이 헹구어 씻는다.

② 잎 하나하나 정성껏 떼어낸다.

③ 잎의 중간에 있는 큰 줄기는 모두 다 잘라
낸다.(큰 줄기는 잘 마르지 않아서 쓰지 않
는다.)

④ 얇은 잎은 3~5mm 간격으로 모두 채썬
다.

5_말리기 - 건조대에 잘 마르도록 가지런
히 펴서 널고 종이 덮개를 덮은 다음 하루쯤
말린다.

6_거두기 - 바싹하게 잘 말랐으면 비닐봉
지에 담아서 봉하고 시원하고 그늘진 곳에
일시 보관한다.

7_ 달고 맛있는 양배추 말랭이

돈나물

채소류
50

봄철_밭기슭에 노란꽃이
만발한 자연산 돈나물

1_ 적당량 - 약 500g~1kg 정도

2_ 성질 - (-)음극 (찬 성질)

3_ 구하기 - 돈나물은 대체로 들이나 밭두렁에 자생을 하며 약을 치지 않는다.
있는 그대로 유기농 식물이다.

4_ 다듬고 씻기 - ① 검불이 들어 있으면 골라내고, 긴 것은 짤막하게 손끝으로 잘라준다.
② 살짝 한두 번 씻어서 체에 건져내어 물기를 털어서 뺀다.

5_ 말리기 - 건조대에 가지런히 펴서 널고 종이 덮개를 덮은 다음 하루쯤 말린다.

6_ 거두기 - 바싹하게 잘 말랐으면 비닐봉지에 담아서 봉하고 시원하고 그늘진 곳에 일시 보관한다.

7_ 돈나물은 물기 없이 바싹하게 말랐을 때 양도 훌쩍 줄어든다.

쑥

자연산 들쑥

1_ 적당량 - 약 200~300g 정도

2_ 성질 - (+)양극 (따뜻한 성질)

3_ 구하기 - 쑥은 이른 봄에 올라오는 어린 쑥을 구하는 것이 가장 좋다.

- 이름 봄 쑥은, 쓴맛이 적고 약효가 좋으며 부드러워서 먹기가 좋고 향기도 순하다.

- 늦게 올라오는 억센 쑥은 쑥쑥 자라서 잎이 크고, 쓴 맛이 진하고 강하므로 생식 재료로는
  사용하지 않는다.

  (쑥은 없으면 안 넣어도 된다.)

4_ 다듬고 씻기 -① 쑥은 검불을 떼어 내고 잘 다듬는다.

② 깨끗한 물에 두어 번 씻고 건져 내어 물기를 뺀다.

5_ 말리기 - 건조대에 고루 잘 펴서 널고 종이 덮개를 덮은 다음 하루쯤 말린다.

6_ 거두기 - 바싹하게 잘 말랐으면 걷어내어 비닐봉지에 담고 봉하여 시원하고 건조한 곳에 다른 말린 생식재료들과 함께 모아둔다.

7_ 바싹 말린 쑥도 향기가 진하다.

연잎

친환경 연밭에서

1_ 적당량 – 약 4~5잎 정도

2_ 성질 – 무극

3_ 구하기 – 여름에 연밭에 가서 억세지 않은

부드럽고 순하고 깨끗한 어린잎, 몇 잎을 연 밭 주인에게 얻어 왔다.

※ 7. 8월에 연근을 캘 때는 연잎을 마음껏 얻어 올 수가 있다.

※ 구하기 힘들면 안 넣어도 된다.

4_ 씻고 다듬기 ① 잎의 앞면이 융단 같다.
흐르는 수돗물에 한 번 씻는다.
② 5mm 정도 두께로 채 썬다.

5_ 말리기 - 건조대에 잘 펴서 널고 종이 덮
개를 덮은 다음 하루쯤 말린다.

6_ 거두기 - 바싹하게 다 마르면 비닐봉지
에 담아서 봉하고 시원하고 건조한 곳에 일
시 둔다.

7_ 마른 연잎은 그 맛과 냄새가 향기
롭다.

※ 볶아서 차를 만들어 매일 마시면 그
약효가 말로 다 할 수가 없을 정도
이다.

솔잎

약을 치기 전 산 속 깊은 곳 소나무

1_ 적당량 - 약 200g 정도

2_ 성질 - (-)음극 (찬 성질)

3_ 구하기 - 시골 나이 드신 아낙님네들이 봄철에 어리고
  부드러운 소나무 잎을 따서 팔러오면 사도 될 것 같다.

※ 나무에 약 치는 계절은 피해서 가을 ~ 이른 봄철에
  구하는 것이 좋다.

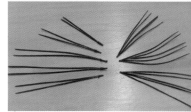

※ 우리나라 재래종 솔은 솔잎이 2개짜
이고, 수입양솔은 솔잎이 5개 짜리이ㄷ
우리가 필요한 것은 재래종 솔잎이다.

4_다듬고 씻기 - ① 솔잎을 검불이 섞이지 않게 잘 다듬고 잎이 죽은 것은 떼어 낸다. ② 고무장갑을 끼고 한두 번 씻어서 물기를 뺀다.

5_말리기 - 건조대에 잘 펴서 널고 종이 덮개를 덮은 다음 하루쯤 말린다.

6_거두기 - 바싹 마른 솔잎은, 그 끝이 침처럼 가시처럼 날카로우니 되도록 면장갑을 끼고 걷어내어 비닐봉지에 담고 봉하여 시원하고 그늘진 곳에 일시 둔다.

7_ 만지면 부서질 정도로 바싹 마른 솔잎은 색이 많이 바래져 있다. 그리고 생솔잎보다 떫은맛도 많이 감소되었다.

※ 없으면 안 넣어도 된다.

친환경 노지 들깻잎

1_ 적당량 - 약 500g ~ 1kg 정도

2_ 성질 - (-)음극 (찬 성질)

3_ 구하기 -작은 잎도 큰 잎도 무방하나, 되도록 약을 안 친 깨끗한 것이 좋다.

나는 뿌리, 줄기까지 다 있는 어린 깻잎(약을 치기 전)을 구했다.

4_ 씻고 다듬기

① 뿌리 윗부분까지 잘라낸다. (어린 줄기는 다 사용함)

② 벌레나 얼룩이 없는 깨끗한 잎만을 골라 다듬는다.

③ 깨끗한 수돗물에 한 번 씻고 소금 한 숟가락, 식초 몇 방울 탄 물에 약 10분 정도 담가 두었다가 한 번 더 헹군 후 물기를 턴다.

5_ 말리기 - 건조대에 잘 펴서 널고 종이 덮개를 덮은 다음 하루쯤 말린다.

6_ 거두기 - 다 말랐으면 비닐봉지에 담고 봉하여서 시원하고 건조한 곳에 일시 보관한다.

7_ 바싹바싹한 깻잎은 고소하고 향내가 진하다.

채소류
55 당근

유기농 재배 당근

1_ 적당량 - 큰 것은 5개 정도, 작은 것은 10~15개 정도

2_ 성질 - (+)양극 (따뜻한 성질)

3_ 구하기 - ① 친환경(유기농)재배 당근은 잎이 무성하고 뿌리는 크지 않다.

② 당근은 작거나 중간 크기가 좋으며 부드러운 것이 좋다. (국내산)

4_ 씻고 다듬기 - ① 수세미로 흙을 씻어낸다. 흠은 잘라 내고

머리 부분과 꼬리부분도 잘라 내고 감자칼로 껍질을 얇게 깎는다.

② 길이로 4등분 하여 자른다.

③ 속에 있는 심을 삼각형 모양으로 길이로 길게 잘라낸다.

④ 2~3mm 두께로 얇게 썰거나 채썬다.

5_ 말리기 - 건조대에 촘촘하게 펴서 널고 종이 덮개를 덮은 다음 - 단맛이 많아서 3일 정도는 말려야 한다.

6_ 거두기 - 다 말랐으면 걷어내어 비닐봉지에 담아서 봉하고 시원하고 그늘진 곳에 두거나 잠시 냉동보관해도 된다.

7_ 달고 맛있는 영양 만점(비타민, 미네랄)의 당근 말랭이

채소류
56
연근

반야월 친환경 연밭

1_적당량 - 약 1~2kg 정도

2_성질 - 무극

3_구하기 - 연근은 물밑의 진흙 속에 잠겨 있는 것인데 일체 농약을 쓰지 않는다. 연근은 한 뿌리가 세 마디로 연결이 되어 있다. 앞의 통통하고 길이가 짧은 두 마디는 암연근이고, 뒤에 마르고 길게 뻗은 한 마디는 숫연근이다.

4_다듬기 - ① 마디마디의 양쪽 끝을 잘라내고 씻으면 구멍속에 들어가 있는 흙도 깨끗이 씻을 수 있다.

② 감자 깎는 칼로 껍질을 깨끗이 벗긴다.

③ 3mm 정도 두께로 납작하게 썬다.

5_ 말리기 – 건조대에 가지런히 촘촘히 펴서 널고 종이 덮개를 덮은 다음 하루쯤 말린다.

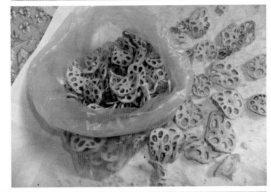

6_ 거두기 – 단단하게 잘 말랐으면 비닐봉지에 담아서 봉하고 시원하고 그늘진 곳에 일시 보관한다.

7_ 담백한 연근 말랭이

※ 연은 연꽃, 연잎, 연뿌리, 연밥, 모두가 다 무극이다.

우엉

친환경 우엉

1_ 적당량 - 약 1~1.5kg 정도

2_ 성질 -- (+)양극 (따뜻한 성질)

3_ 구하기 - 가을철에 털이 보송보송하게 나 있는 것을 구입하면 더 좋다.

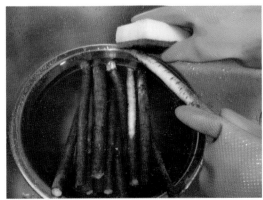

4_ 씻고 다듬기 - ① 우엉은 물에 10분 정도 담가 놓으면 껍질이 불어서 잘 벗겨진다.

② 수세미로 문질러서 씻거나 칼등으로 깎아도 되고 감자칼로 깎아 내기도 한다.

※ 우엉이 크고 굵어도 심이 없는 것이 있고, 가늘어도 심이 있는 것이 있다.
되도록 심이 없는 것을 구입할 것.

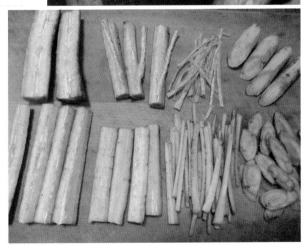

③ 작은 것은 2~3mm 두께로 썬다.
④ 심이 들어 있는 것은 4조각으로 길게 잘라서 속의 심을 잘라내고 난 후 납작하게 썰거나 길게 채 썬다.

5_말리기 - 건조대에 가지런히 촘촘하게 펴서 널고 종이 덮개를 덮은 다음 하루쯤 말린다.

6_거두기 - 바싹하게 잘 말랐으면 비닐봉지에 담아서 봉하고 시원하고 건조한 곳에 일시 보관한다.

7_과자처럼 바싹하고 달콤 고소한 우엉 말랭이

명상을 해 보는 것도 좋은 방법이다.
몸과 마음이 차분히 가라앉아서
안정이 되기 때문이다.

그리고 명상 속에 자연치유법이 숨어 있다.

칡뿌리

자연산 칡

1_ 적당량 - 약 500g 정도

2_ 성질 - (-)음극 (찬 성질)

3_ 구하기 - 산에서 금방 캐온 것을 토막 내어 사면 좋으나, 없으면 건재약업사 또는 한약
방, 약초 파는 곳에 가서 말려 놓은 국산 칡뿌리를 사면 된다.

※ 칡뿌리를 못 구하면 안 넣어도 된다.

※ 칡은 은행나무처럼 암, 수(우☆)가 있다. 암칡은, 그 잎과 뿌리의 입자가 부드러워서 씹으면 다 먹을 수 있으나, 숫칡은 질겨서 씹어도 그 섬유질 잔재가 입속에 남는다.

4 _ 다듬고 씻기 – ① 생 칡을 듬성듬성 자른다. 이 때 칼로 자르거나 톱을 사용하기도 한다.

② 껍질을 대충 벗기고 다듬는다.

③ 약 3mm 두께로 납작납작하게 썰어서 다시 채를 썬다. 다시 약 3mm 정도 두께로 잘게 다지듯 썰어준다.

5 _ 말리기 – 건조대에 촘촘히 펴서 널고 종이 덮개를 덮은 후 하루쯤 말린다.

6 _ 거두기 – 물기 없이 바싹하게 다 마르면 걷어내어 비닐봉지에 담아서 시원하고 그늘진 곳에 일시 보관한다.

7 _ 암칡은 썰어 말렸을 때 부드럽고 잘 부서지나 수칡은 말려 놓으면 질기고 돌덩이처럼 단단하다.

※ 칡잎(갈엽)과 칡꽃(갈화)은 무극이다.

생강

국산 토종

1_ 적당량 - 약 100~200g 정도

2_ 성질 - 토종 : 무극

　- 수입계량종 : (＋)양극 (따뜻한 성질)

※ 토종은 그 모양이 작은 구슬처럼 동글동글하고 단단해 보이며, 건강한 껍질이 - 두껍고 오돌오돌하고 똑똑해 보인다. 그 맛과 향이 맵고 진하며 강하다.

3_ 구하기 - 생강은 수입산과 수입개량종이 많이 나온다. 언제부터인지 토종을 구하기가 쉽지 않아졌다. 그래도 제 나라 땅에서 생산되는 생강이라면 토종이 아니라도 좋겠다.

4 _ 씻고 다듬기- ① 생강은 홈을 잘라내고, 껍질을 다 벗기지 말고 흙만 깨끗이 씻어 낸다.

② 약 2mm 정도 두께로 납작납작하게 썰거나 또는 채썬다.

5 _ 말리기 - 건조대에 촘촘히 펴서 널고 종이 덮개를 덮은 후 하루쯤 말린다.

6 _ 거두기 - 바짝 말렸으면 걷어내어 비닐봉지에 담아서 봉하고 시원하고 그늘진 곳에 일시 보관한다.

7 _ 바싹바싹하게 잘 마른 생강 말랭이
※ 생강의 줄기와 잎은 무극이다. 생강잎도 뿌리처럼 향의 재료나 음식의 재료로 쓰이며, 맛과 향이 진하다.

콜라비

유기농 재배지에서

1_ 적당량 - 적당한 크기 2개 정도

2_ 성질 - (+)양극 (따뜻한 성질)

3_ 구하기 - 콜라비는 겉껍질이 푸른색과 보라색의 두 종류가 있으며 껍질을 깎으면 그 속
은 똑같이 한뿌리의 무를 깎아 놓은 것과도 같다. 그 모양은 둥글고 단단하며, 맛은 달고
아삭아삭 한 것이 마치 「배추뿌리와 무」의 맛을 합쳐 놓은 것 같다.
그리고 무는 땅 속에서 자라지만 콜라비는 땅 위에서 큰다.

4 _ 씻고 다듬기- ① 깨끗이 씻어서 감자 깎는 칼로 껍질을 벗긴다. 4등분 하여 자른다. ② 약 3mm 정도 두께로 납작하게 썬 후, 다시 2~3mm정도의 두께로 채 썬다.

5 _ 말리기 - 건조대에 펴서 널고 종이 덮개를 덮은 후 하루쯤 말린다.

6 _ 거두기 - 수분 없이 바짝 마르면 걷어내어 비닐봉지에 담고 봉하여 시원하고 그늘진 곳에 일시 보관한다.

7 _ 말린 콜라비는 그 맛이 달고 쫄깃하면서도 바싹하고 향도 좋다.

도라지

자연산 백도라지-무극

1_적당량 – 생도라지 약 1kg 정도

2_성질 – 자연산 야생도라지 : 무극

       – 재배 도라지 : (+)양극 (따뜻한 성질)

3_구하기 – 오래된 자연산이 가장 좋으나 구하기가 어렵다.
오래 묵을수록 부드럽고 담백하며, 달고 깊은 맛이 있고
향기롭다. 그리고 약효도 뛰어나다.

무극   양극

- 도라지는 쭉쭉 뻗은 것도 좋으나 척박한 토질에서 자란 것 같은 울퉁불퉁하고 꾸불꾸불한
  (잔뿌리가 많은) 것도 좋으며 5년 이상 묵은 것이라면 더욱 좋다.
  그러나 재배 2~3년생 정도만 되어도 무난하다.

4_씻고 다듬기 - ① 도라지를 물에 잠기도
록 담고 20분 정도 둔다.

② 씻을 때는 수세미와 칫솔을 이용해 본
다. 빡빡 문질러 씻기도 하나 되도록 껍질을
살려서 흙만 씻어 내고 두 번 정도 헹구면
된다.

③ 몸통쪽은 굵으니 반으로 잘라서
납작하게 썬다. 나머지 다리 부분
도 2~3mm 두께로 납작납작 하게
썬다.

5_ 말리기 – 건조대에 촘촘히 펴서 널고, 종이 덮개를 덮어서 하루쯤 말린다.

6_ 거두기 – 물기 없이 바싹하게 잘 말랐으면 걷어내어 비닐 봉지에 담아서 봉하고 시원하고 그늘진 곳에 일시 둔다.

7_오래 묵은 도라지 말랭이

일과 운동은 다르다

 무슨 일이든 함에 있어서
몸의 자세가 앞으로 또는 옆으로 기울어지게 되어 있다.
그래서 일을 하고나면,
잠시 하는 일이든 장기적으로 하는 일이든
앉아서 하는 일이든 서서하는 일이든
머리를 써서 하는 일이든 몸을 써서 하는 일이든
반드시 운동을 하여 자세가 반듯하게 되도록 –
그 어느 쪽으로도 기울어 지지 않게 – 중심을 잡아 주어야 한다.
그렇게 하면
훗날에도 아프지 않고 건강하고 즐겁게 잘 살 수 있게
될 것이다.

● 무극 목화

더덕

자연산 더덕

※ 국내산은 머리가 크고 입자가 무르지 않고 단단하며 뿌리 부분을 잘랐을 때 하얀 진이 많이 나온다.

1_ 적당량 - 약 1kg 정도

2_ 성질 - 자연산 더덕 **무극**   재배 더덕 : 무극에 가까운 (+)양극

3_ 구하기 - 더덕은 오래된 자연산이 좋으나 구입하기가 쉽지 않다. 재배한 것도 5년 이상 묵은 것이라면 그 약효가 뛰어나다. 달고 깊은 맛이 일품이며 그 향기도 주위를 진동케 할 정도이다. 재배한 더덕을 2~3년생으로 구입하여도 좋다.

4_ 씻고 다듬기 - ① 더덕은 물에 20분 정도 담가 두었다가 껍질을 깎지 말고, 흠이 있는 것만 잘라내고 수세미와 칫솔 등을 이용하여 흙만 씻어 낸다.

② 머리 부분은 칼로 잘라낸다. 몸통 부분은 2~3mm 정도 두께로 납작하게 썬다.

※ 더덕을 썰 때는 - 꼭 도마를 사용하고 칼로 손수 썰었으면 한다.

※ 하얀 진이 많이 나와 손에 찐득찐득하게 묻어 불편할 때, 때밀이 수건과 세탁비누를 이용하여 문질러 씻어주면 깨끗이 해결된다.

5_ 말리기 - 건조대에 가지런히 펴서 널고 종이 덮개를 덮어서 하루쯤 말린다.

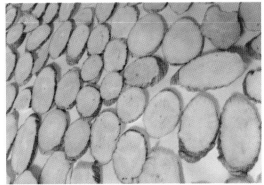

6_ 거두기 - 바싹바싹하게 잘 말랐으면 건어내어 비닐봉지에 담아서 봉하고 건조하고 시원한 곳에 일시 둔다.

7_ 달고 깊은 맛과 향이 진한 더덕 말랭이

유기농 재배-가을무

1_적당량 - 크기에 따라 3~5개 정도

2_성질 - (+)양극 (따뜻한 성질) - 무청 (-)음극 (찬 성질)

3_구하기 - 무는 친환경 채소라면 좋으나 그렇지 않더라도 가을에 서리 내리고 난 뒤에
나온 무라면 좋다고 할 수 있다. 무는 잎이 성성하고 머리 부분의 초록색 면이 더 클수
록 햇빛을 많이 받아 그 맛이 달다.

※ 잎은 사용하지 않는다.

4_ 씻고 다듬기- ① 무를 깨끗이 씻은 후, 앞머리와 꼬리를 잘라내고 흠이 있으면 깎아낸다. 껍질째로 써도 되고, 감자 깎는 칼로 얇게 한 번 깎아 내기도 한다.
② 2~3mm 두께로 납작하게 썰어서 다시 2~3mm 두께로 채 썬다.

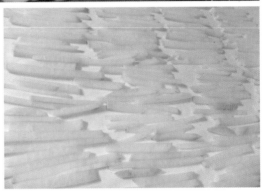

5_ 말리기 - 건조대에 가지런히 펴서 널고 종이 덮개로 덮은 다음 이틀쯤 말린다.

6_ 거두기 - 바싹하게 물기 없이 잘 말랐으면 걷어내어 비닐봉지에 담아서 봉하고 시원하고 그늘진 곳에 일시 보관한다.

7_ 잘 마른 무말랭이는 그 맛이 달고 고소하고 진한 향기가 있다.

※ 때로는 무말랭이를 만들어 놓은 것을 사도 좋다. 살 때는 누런색이 나고, 잘게 채 썰어 말린 것을 사서 건조대에 다시 한 번 바짝 말려서 사용한다.

채소류

64

고구마

텃밭에서 친환경 고구마 캐기

1_ 적당량 - 약 2kg 정도

2_ 성질 - 잎, 줄기 : 무극

　　　　　 - 뿌리 : (+) 양극 (따뜻한 성질)

3_ 구하기 - 고구마는 재배할 때 대체로 약을 치지 않는 편이라고 한다.

　　　　　　 고구마는 제철에 나는 것 일수록 좋다.

4_ 씻고 다듬기- ① 고구마는 깨끗이 씻고 흠이 있는 부분은 잘라낸다.
② 잘 마를 수 있게 2~3mm 두께로 얇게 썬다.

5_ 말리기 - 건조대에 촘촘히 펴서 널고 종이 덮개를 덮은 다음 하루쯤 말린다.

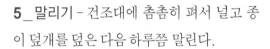

6_ 거두기 - 물기 없이 바싹하게 잘 말랐으면 걷어내어 비닐봉지에 담고 봉하여 시원하고 그늘진 곳에 다른 생식 말린 재료들과 함께 일시 보관한다.

7_ 과자처럼 달고 바싹바싹하게 잘 마른 고구마 말랭이

❖ 해조류 + 버섯류 +잎, 뿌리, 열매, 채소류(단맛 나는 채소류 제외)
들을 함께 담았다.

❖ 단맛이 나는 채소류 +과일류를
따로 모아둠.(대추, 누런 호박,
파프리카 당근, 피망 등)

3. 생식 완제품 만들기

곡류, 견과류, 해조류, 버섯류, 과일류, 채소류를 모두 말려서 잘 보관하였다면 이제 분쇄하여 생식 완성품을 만들 차례이다.

[분쇄 횟수]

(1) 단맛이 나는 채소, 과일류(5가지) - 1차 분쇄

(2) 볶은 혼합 곡류 - 1차 분쇄

(3) 생식 종합 (21가지) 곡류 - 1차 분쇄

(4) 종합 견과류 (8가지) + 해조류(2가지) + 버섯류(2가지)
     + 채소류(24가지) + 과일류(밤) - 1차 분쇄

(5) 위의 ①과 ④를 합하여 - 2차 분쇄

(6) 위의 ②③⑤를 모두 골고루 섞은 종합생식 - 2차 믹서

   - 모두 8차례 분쇄 · 믹서 과정을 거친 후 완성품이 된다.

(7) 완제품 만들기

[1] 생식 분쇄

※ 단맛이 나는 채소류(과일류)는 방앗간 분쇄기에 넣으면 들러 붙어서 기계가 잘 돌아가지 않아 기계가 고장날 수 있다. 그래서 이것만은 가정 분쇄기에서 분쇄하여 따로 가져간다.

※ 누런 호박을 가정 분쇄기에 넣어 갈았 더니 분쇄기 안쪽과 칼날에 들러 붙었다.

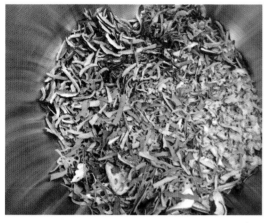 

※ 그래서 대추, 파프리카, 당근 피망에 단맛이 적고, 섬유질이 많은 다른 채소류 말린 것을 1:1 비율로 섞었다.

※ 분쇄기에, 섞은 채소류를 넣고 갈았더니 다행히 분쇄기에 들러붙지 않고 아주 잘 갈렸다.

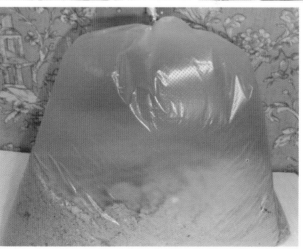

※ 잘 분쇄한 가루를 따로 비닐봉지에 담아서 방앗간에 갈 때 가지고 간다.

(2) 볶은 혼합 곡류 분쇄

(혼합곡 + 현미)가 (1.6kg ~ 2kg) 되게 하여 살짝 볶아서 분쇄하였다.

(현미는 앞서 곡류(현미 말린 것)에서 조금 덜어 오면 된다.)

① 혼합곡

② 현미

③ 위의 ①+②의 혼합곡

④ 볶는 과정

⑤ 볶은 혼합곡

⑥ 볶은 혼합곡을
한 번 분쇄하였다.

이것은 잠시 두고……

(3) 생식 종합(21가지) 곡류–분쇄

21가지 말린 곡류를 모두 종합하여 골고루 잘 섞어서 분쇄기에 갈았다.

↑곡류를 골고루 잘 섞어서 2개의 큰 그릇에 나누어 담았다.

곡류를 분쇄하는 중

곡류 1/2을 1차 분쇄하였다.

나머지 1/2의 곡류를 분쇄하는 중

나머지 1/2의 곡류도 다 분쇄하였다

※ 1차 분쇄한 모든 곡류를 잠시 두고……

(4) 종합 견과류(8가지)

해조류(2가지)＋버섯류(2가지)＋채소류(24가지)＋과일류(밤) – 1차 분쇄

① 견과류 (참깨, 흑깨, 들깨, 땅콩, 해바라기씨, 호박씨, 미강, 호두)를
　모두 종합하여 골고루 잘 섞는다.

② 해조류 (미역, 다시마) +버섯류 (표고버섯, 새송이 버섯) +채소류 (애호
　박, 풋고추, 가지, 고추잎, 냉이, 녹차, 청경채, 브로콜리, 적채, 양배추,
　돈나물, 쑥, 연잎, 솔잎, 들깨잎, 연뿌리, 우엉, 칡, 생강, 콜라비, 도라지,
　더덕, 무, 고구마)+ 과일류 (밤)들을 모두 종합하여 골고루 잘 섞는다.

③ 앞의 ① (잘 섞은 종합 견과류)과 ② (해조류, 버섯류, 채소류, 과일류)를 다시 합쳐서 또 골고루 잘 섞어준다.

앞의 사진 3)견과류 + 해조류 + 버섯류 + 채소류를
합한 것)을 분쇄기에서 1차 분쇄하였다.

분쇄하는 과정

1차 분쇄 완료

매일 운동을 한다

 생식을 하며 매일 규칙적인 운동을 하면,
내 몸의 중심을 잡아 주는데 큰 도움이 될 것이다.

가능하면, 매일 한두 번씩 맨손체조를 하고,
또 한두 시간 정도의 짧은 등산을 자주 하거나,
또는 발 사이의 간격을 성큼성큼 큰 폭으로 걷거나,
또는 천천히 느린 속도로 장거리 달리기를 하면서,
규칙적으로 숨을 들이쉬고 내쉰다.

깊은 숨을 들이 쉴 때,
마음속으로 하나 둘 셋 넷, 다섯 여섯 일곱 여덟,
내쉴 때에도,
하나 둘 셋 넷, 다섯 여섯 일곱 여덟,
발자국 숫자를 세면서,
배꼽 아래 몸통의 중간인 하단전까지
숨을 들이쉬고 내쉰다.
 이렇게 하면,
몸속의 찬 기운이 모이면서 몸 밖으로 뿜어 내준다.

 계속할 경우,
내 몸의 찬 기운은 다 빠져 나가고,
어느 사이 하단전에 따뜻한 기운이 모여,
내 온몸의 막힌 기맥을 다 뚫어주고,
몸 전체를 따뜻하게 데워준다.
 더 계속하면,
내 몸의 잘못된 부분, 또는 질병을 치유하는데
큰 도움을 주게 된다.

(5) 앞의 (1)과 (4)를 합하여 분쇄

앞의 (1)에서 (단맛 나는 채소류 + 대추)를 가정에서 분쇄하여 온 것이 있다. 이것을 앞에서 분쇄한 (4)와 함께 넣어서 2차 분쇄하였다.

1차 분쇄

2차 분쇄 완료

이제 (단맛 나는 채소류 + 견과류 + 해조류 + 버섯류 + 종합 채소류 + 과일류) 합한 것을
모두 분쇄, 믹서 하였다. – 이것들을 다시 손으로 골고루 잘 섞어 준다.

(6) 앞의 (2), (3), (5)를 모두 골고루 섞은 종합생식-2차 믹서

이제 ① 단맛 나는 채소류 ② 볶은 혼합곡류 ③ 종합곡류 ④ (견과류 + 해조류 + 버섯류 + 종합 채소류 +과일류) 를 모두 분쇄하였다.

이것들을 모두 모아 여러 개의 큰 용기에 골고루 분배하여 담는다.

손으로 골고루 잘 섞어 준다.

골고루 잘 섞은 생식가루를
마지막으로 (방앗간 기계)
두 차례 더 믹서하였다.

1차 믹서

2차 믹서하였다

(7) 완제품 만들기

위의 것(종합 생식)을 다시 한 번 골고루 분배하였다.

이제 마지막으로 잘 섞어주고, 서로 뭉치지 않게 손바닥으로 골고루 비벼 준다.

이제 반투명한 위생 비닐봉지(2겹으로 겹쳐서 사용함)에 담도록 한다.
한 봉지에　· 성인 여자 – 1.2kg
　　　　　· 성인 남자 – 1.6kg
　　　　　· 온 가족이 함께 – 1.6kg 분량을 담아서 봉한다.

한 봉지씩 봉할 때 되도록 공기를 많이 뺄 것.

이렇게 만든 생식은 이제 (+)
양극도 아닌, (–)음극도 아닌
「무극」이 되었다.

이것이 모두 한 사람의 일 년치 양식이 될 것이다.

한 봉지 한 봉지 정성껏 담은 생식은 반드시 냉동(냉장 X) 보관하여야 한다.

여러 가지 운동들

자전거 타기/등산/맨손체조/학교운동장 돌기/
공원의 여러 운동기구들/줄넘기

5

생식을 바르게 차려 먹기

(1) 하루에 한 끼 생식을 할 경우

한 달에
- 여자 1.2kg
- 남자 1.6kg 들이
  한 봉지가 필요하다.

(2) 하루에 두 끼 생식을 할 경우

각각 한 달에 두 봉지가 필요하게 된다.

(3) 한 그릇의 생식 만들기

1_
- 여자 - 생식가루 2큰술
  (약 40g 정도)
- 남자 - 생식가루 3큰술
  (약 60g 정도)
을 그릇에 담는다.

2 _ 흑설탕을 깎은 듯
한 술 담는다.

3 _ 생식이 약간 걸쭉해질
정도로 우유를 붓는다.
(밥그릇의 약 7~8부 정도)

4 _ 잘 풀리도록 저어준다.

생식(무극) + 콩나물 무침(무극) + 김무침(무극) + 생 배추 간장 무침(무극)
+ 생수 한 잔(무극)

식탁에 밥 한 그릇 대신 내가 만든 30～64가지 정도의 재료가 담겨 어우러진 생식이 오르고, 간단하게 맛있는 반찬을 몇 가지 만들어 올려 놓으면, 이 세상 그 어떤 「만석꾼네」만찬도 부럽지 않다.

(5) 외출을 할 경우

※ 외출 시 – 반찬을 따로 준비하지 않아도 먹을 수 있으며 내 몸이 필요로 하는 모든 영양소를 이 생식은 완벽하게 다 갖추고 있다.

① 제일 작은 위생 비닐 지퍼팩에 생식가루

- 여자 – 2큰술
- 남자 – 3큰술 과 흑설탕(깎은듯 한 술)을 함께 담는다.

② 우유 (작은 것 한 팩 –200ml)을 준비한다.

③ 작은 숟가락 하나 가방에 넣고 외출을 한다.

④ 우유 한 팩에 (생식가루와 흑설탕)을 넣고 잘 저으면 한 끼의 간단한 식사가 완료된다.

(5) 생식을 처음 하시는 분들에게……

- 첫 주(일주일)는 - 한 끼 생식을 하시고
- 둘째 주는 - 두 끼를 생식하셔도 좋습니다.
- 셋째 주는 - 세 끼 모두 생식을 하면 더 없이 좋을 것입니다.

이렇게 차츰차츰 몸에 익혀야 첫 몸살(명현반응)을 덜 하게
   됩니다.
하루 세 끼를 모두 생식하지 않으셔도 좋습니다.

일 년에 두 번 정도,
또는 한 번 만이라도,
반드시 구충제를 복용할 것.

금해야 할 것들

고기(육류, 어류), 파, 마늘, 양파, 달래, 부추

청양고추, 빵, 인스턴트 음식, 맵고 짠 음식

튀긴 음식, 백설탕, 황설탕, 과식, 커피, 술, 담배

인삼

홍삼

인삼(＋양극)으로 홍삼을 만들었더니 　　　 이 되었다.

6

내 몸에 딱 맞는 맞춤형 생식을 만드는 비결법

(1) 생식으로 된 식사를 2~3일 정도 먹어보고, 내 소화기관에 잘 맞으면 다행이다.
  - 그러나 잘 맞지 않는 경우도 있다. -

(2) 그럴 때는 내 몸에 딱 맞는 맞춤형 생식을 만들어 먹으면 된다.

  ① 여유분 곡류 생식가루 준비하기
    혼합곡 또는 현미를 약 1~1.5kg 정도를 준비

    - 깨끗이 씻어서 건조대에 바싹 말린 후 방앗간에 가서 분쇄하여 「생식가루」를 따로
      준비한다.

  ② 여유분 곡류 볶은 가루 준비하기
    - 혼합곡 1kg을 깨끗이 씻어서 방앗간에 가서 볶고, 분쇄하여 「미숫가루」를 만들어
      준비한다.

③ 생식을 먹을 때, 설사가 자주 나면

생식 한 그릇에 만들어 놓은 미숫가루를 약간 섞어서 먹어볼 것. - 그래도 「대변」이 무르다고 생각되면 조금 더 섞을 수도 있다. (이 때, 미숫가루 섞는 양을 체크해 둘것)
(예, 한 찻숟가락의 1/4 또는 1/3, 1/2 또는 한 찻 숟가락의 양)
그렇게 해서 내 소화기관에 잘 맞는 꼭지점을 찾아낸다.

2~3일 먹어보고 잘 맞으면 한 봉지씩 꺼내어 큰 그릇에 담고 미숫가루 일정량(체크한 양 ×30)을 더하여 골고루 섞어서 다시 봉지에 담아 냉동 보관한다.

④ 만약 변비가 생길 경우

생식 한 그릇에 만들어 놓은 생식가루를 약간 섞어서 먹어 볼 것, 그래도 변비가 생기면 조금 더 섞어서 먹어볼 것. (이 때에도 생식가루 섞는 양을 체크할 것 - 예, 한 찻 숟가락의 1/4 또는 1/3, 1/2 또는 한 찻숟가락의 양)
그렇게 해서 내 소화기관에 잘 맞는 꼭지점을 찾아낸다.
2 ~ 3일 정도 먹어보고 잘 맞으면, 한 봉지씩 꺼내어 큰그릇에 담고 생식가루 일정량(체크한 양 × 30)을 더하여 골고루 섞어서 다시 봉지에 담아서 냉동 보관하여 놓고 꺼내 먹는다.

이런 맞춤 생식은 누가 대신 만들어 줄 수가 없다.
내가 직접 생식을 말리고, 만들어서 먹어보아야만 가능하다.

7

무극의 밥상 차리기

– 생식 2인 식단

- **밥 2그릇 대신 생식 2그릇** 내가 만든 생식 (곡류 + 견과류 + 해조류+ 버섯류 + 열매채소 + 뿌리채소 + 잎줄기채소 + 대추, 밤) (무극) + 흑설탕 (무극) + 우유한 잔 (무극) = 무극

- **구운 김** 김 (무극) + 소금 (-극) + 참기름 (+극) = 무극

- **연근 조림** 연근(무극) + 집 간장(무극) + 흑설탕(무극) + 물엿(무극) = 무극

- **김치** 배추(무극) + 소금 (-극) + 붉은 고추가루(+극) + 무(+극) +생강(무극) + 찹쌀가루(+극) + 배(-극) + 무청(-극) = 무극

- **시금치 무침** 시금치(무극) + 집 간장(무극) + 참기름(+극) + 깨소금(+극) + 흑깨(-극) = 무극

- **콩나물 무침** 콩나물(무극) + 집 간장(무극) + 참기름(+극) + 깨소금(+극) + 풋고추 약간(-극) = 무극

- **차 한잔** 연잎차(무극)

언뜻 보면, 「소박한 밥상」인 듯하여 보이나, 그 실상은 가장 지혜롭고, 가장 풍성하고 「가장 화려한 밥상」이라고 할 수 있다.

음식을 만들 때

갖은 양념을 다하여,
너무 맛있게 만들려고 노력하지 말라.

그저, 적당히 넣고 신선하게
그렇게 적당히 맛을 내어 만들어야
적당히 먹고 욕심내지 않을 것 이니까.
그러면,
몸과 마음이 만들어 내는
그 어떠한 질병도 일으키지 아니할 것이니
이것이 바로 건강이다.

그렇게 하면,
우리들 마음의 그릇에도 온갖 욕심이 넘쳐나거나
혹은,
그 욕심이 미처 다 비우지 못한 그릇 속에 고여 있어
썩을 일은 없을 것이다.

그렇게 몸과 마음이 소박하고 건강하여
양과 음, 그 어느 쪽으로도 기울어 지지 않고,
(모자라거나 넘치지 않도록 잘 조절하고 또 유지하여)
무극을 이룰 수 있다면,

마침내,
맑고 밝고, 바르고 가볍고 고요할 것이니,
곧
우리들 모두는 하늘이 내리신 수명이 다 할 때까지
그렇게 지혜롭고 아름다운 인생을 살게 될 것이다.

내가 직접, 내 몸에 딱 맞는 무극 생식 만들기

추 하나로 극을 알아보는 방법

예

찬 물
(-)극(음극)
추가 시계의 침이 가는 반대 방향으로 돈다.

미지근한 상온의 물(무극)
추가 중심을 잡고 움직이지 않는다.

따뜻한 물
(+)극 (양극)
추가 시계의 침이 가는 방향으로 돈다.

김치 담그기

1. 배추
   - 무극

   부호 - ●

2. 소금
   - (-)음극 - 찬 성질 부호 - ↘

3. 찹쌀 + 쌀 (7 : 3)
   - (+)양극 - 따뜻한 성질 부호 - ↖

4. 무 뿌리 + 무청
   - ((+)양극 + (-)음극 =무극) 부호 - ●

5. 배 - (-)음극 - 찬 성질 부호 - ↘

6. 생강 - 무극 부호 - ●

위의 재료에 빨간고추(+극)를 첨가하
여 배추김치를 담았더니 「무극」이 되
었다.

부호 - ●

다양한 종류의 각종 생식 재료들.

세상 그 어떤 진수성찬도 부럽지 않은 완벽한 한 끼의 생식 식사.

내가 만들고, 먹고, 경험해야
'나를 살리는 레시피' 나오죠

유방암 완치 박옥희 씨가 전하는 '생식 비법'

웰빙 바람을 타고, 생식이 큰 인기를 누리고 있다. 특히 암환자 치료에 생식이 적극 권장되고 있다. 하지만 생식에 대한 올바른 정보와 지식은 상업적인 수준에 머무르고 있는 경우가 많다. 채식과 생식을 혼동하는 경우도 많다. 채식은 단지 육식이 아닌 야채·채소·과일 등을 먹는 것을 말하고, 생식은 야채·채소 등을 이용해 우리 몸에 전혀 자극이 없는 상태의 음식을 만들어 먹는 의미를 갖고 있다. 즉, 생식은 체질이 음인 사람도, 양인 사람도 모두 포용하는 무극(인체에 유해하거나 자극이 없는 상태)의 음식을 섭취하는 것을 말한다.

생식주의자들은 말한다. '태초의 인간은 육식동물도 잡식동물도 아닌 초식동물이었으며, 초식동물이 육식을 하거나 잡식을 하면 여러 가지 질병을 일으킬 수 밖에 없다. 때문에 인간이 다시 초식동물로 되돌아간다면 그 어떤 질병도 몰아낼 수 있고, 강하고 튼튼한 면역력을 지닌 몸으로 되돌릴 수가 있다.'

대구에 20년 가까이 생식을 하며 건강을 가꾸어 온 박옥희 씨로부터 생식과 생식을 만드는 방법에 대해 들어봤다.

생식으로 수술없이 암을 완치한 생식전문가 박옥희 씨가 외출시에도 간단하게 먹을 수 있는 생식을 준비해 먹는 방법에 대해 설명했다.

◆생식을 통해 암을 완치

채식주의자였던 부모의 영향을 받아 어릴 때부터 채식을 즐겼던 박옥희(60·여·대구시 수성구 범물동) 씨가 생식전문가로서 길을 걷기 시작한 것은 유방암에 걸리고 나서다. 34세 때 종합병원의 초음파 검사에서 암 진단을 받았다. 목놓아 한참을 울었던 박 씨는 암수술을 받지 않고 인위적인 치료 없이 6년간 일하며 유기농·무공해 건강보조 식품과 영지버섯을 자주 먹었다. 건강보조조식품 회사를 그만둔 뒤 암세포는 진전되어 암 덩어리는 더 커져만 갔다. 그러던 중 아버지가 소개해준 불교 참선자들 통해 생식을 접하게 됐다. 그때부터 생식을 직접 만들어서 먹기 시작했다. 생식 1년 만에 박 씨는 암덩어리는 물론 그동안 때만 되면 앓았던 감기, 기관지 천식, 비염, 악성빈혈, 허리디스크까지 씻은 듯이 완치됐다. 이 씨에게는 생식이 온 몸에 딱 맞는 건강치유 음식이 되었던 것이다. 그 뒤로 생식전문가가 되어 버렸다.

박 씨가 직접 만든 생식에는 우리 몸속에서 오장육부를 다스리기에 단 한 가지도 빠져서는 안 될 꼭 필요한 것들이 다 들어있다. 단백질, 지방, 각종 무기질, 비타민, 섬유질, 각종 효소들이 모두 들어있는 것이다. 특히 박 씨가 직접 만든 생식은 60여 가지의 각종 재료가 모두 섞여 무극을 만들어냈다. 무극이란 체질이 양이거나 음에 관계없이 모두에게 잘 맞는 완전식품이다.

이와 함께 박 씨는 생식을 말리는 온열건조대도 직접 만들고, 생식만들기 비법을 책으로 펴내 자신만이 알고 있기에는 아까운 생식의 각종 정보와 비법을 소개할 계획도 갖고 있다. 출판사는 찾고 있는 중이다.

◆직접 해보는 각종 생식만들기 비법

생식의 분류는 곡류·견과류·해조류·버섯류·과일류·채소류로 나뉜다. 무극의 완전식품 생식은 곡류 22가지와 견과류 8가지, 해조류 2가지, 버섯류 2가지, 과일류 2가

곡류·해조류·채소류 등등
재료들의 최적 배합 찾기
구입·다듬기 등 손수하길

지, 채소류 28가지가 들어간다. 64가지의 각종 재료들은 온열건조대에 말렸다 가공해 생식으로 만든다. 박 씨는 올 연말에 나'내가 직접, 내몸에 딱 맞은 생식만들기'라는 책도 낸다. 거기에는 현미·흑미·햇보리·백태(콩 종류)·속청·약콩·율무·노란차조·찹쌀수수·완두콩·녹두·통밀 등을 재료로 적당량-성질-구하기-다듬고 씻기-말리기-거두기-보관방법의 순서로 만드는 방법을 상세하게 싣고 있다. 그리고 곡류·견과류·해조류·버섯류·과일류·채소류대별 함께 섞어서 보관하는 방법을 알려준다.

박 씨는 "단맛이 나는 채소·과일류, 볶은 혼합 곡류, 생식 종합곡류, 종합 견과류 등 모두 8차례 분쇄와 믹서 과정을 통해 생식

완제품이 완성된다"며 "가정용 분쇄기로도 충분히 생식 완제품을 직접 만들 수 있다"고 말했다. 이 책에서는 그림도 함께 싣고 있어 쉽게 제조와 보관법을 배울 수 있을 전망이다. 하루 한 끼 생식을 할 경우와 하루 두 끼 생식을 할 경우로 나눠서 한 달 기준으로 남녀가 각각 필요한 생식 혼합재료의 양도 표시하고 있다. 한 그릇의 생식을 만들 경우 남자는 생식가루 3큰술(60g 정도)이며, 여자는 2큰술(40g)이다. 외출시에는 생식가루와 흑설탕, 작은 숟가락 하나와 우유 한 팩을 준비하면, 간편하게 생식을 먹을 수 있다.

박 씨는 "내 몸에 딱 맞는 맞춤형 생식은 누가 대신 만들어 줄 수가 없으며, 자신이 직접 생식을 말리고 만들어 먹어봐야 오랫동안 생식을 하며 자연상태의 건강을 돌볼 수 있다"고 조언했다.

http://blue2051008.blog.me(네이버 블로그) 010-5665-6321

권성훈기자 cdrom@msnet.co.kr

내가 직접, 내 몸에 딱 맞는

무극 생식 만들기

인쇄 | 2014년 5월 10일
발행 | 2014년 5월 15일

엮은이 | 박옥희
펴낸이 | 장호병
펴낸곳 | 북랜드
    135-936 서울 강남구 강남대로 320, 황화빌딩 1108호
    대표전화 (02) 732-4574
    팩시밀리 (02) 734-4574

등 록 일 | 1999년 11월 11일
등록번호 | 제13-615 호
홈페이지 | www.bookland.co.kr
이-메일 | bookland@hanmail.net

편 집 | 김인옥
영 업 | 최성진

ⓒ 박옥희, 2014, Printed in Korea

ISBN 978-89-7787-605-7 03500

값 20,000원

■ 연락처 – 박옥희
  Tel. 010-5665-6321
  블로그 : www.blue2051008.blog.me